全国高等院校工业设计专业系列规划教材 

北京市属高等学校人才强教计划资助项目

产品设计表现技法

主　编　张慧姝

副主编　王　茜

参　编　黄　晶　王菁婧　尹　航

孙　元　刘建华　蔡　军

柏魁宇　李俊涛　郑　皓

内容简介

本书尝试将教育体系的理论知识和企业的实战经验相结合，使读者在学习之后，能够胜任企业的设计工作。本书主要内容包括产品设计草图在设计流程中的地位和作用，企业中的设计工作岗位及要求，产品设计表现技法的工具与材料，手绘产品效果表现，产品设计表现依据，设计表现图的透视原理，产品表现图的作画步骤（单色铅笔、签字笔、彩色铅笔、马克笔、彩色铅笔加马克笔，色粉加马克笔，半透明纸、有色纸、钢笔淡彩的表现技法步骤及图例），产品设计草图及分类，工程图的绘制表现。另外，还介绍了5个企业设计案例，使学生的学习更有针对性。

本书可作为高等院校工业设计及相关专业教材，也可供从事设计的工作人员参考使用。

图书在版编目(CIP)数据

产品设计表现技法/张慧姝主编. —北京：北京大学出版社，2009.8

(全国高等院校工业设计专业系列规划教材)

ISBN 978-7-301-15434-2

Ⅰ. 产… Ⅱ. 张… Ⅲ. 产品—设计(美术)—高等学校—教材 Ⅳ. TB472

中国版本图书馆CIP数据核字(2009)第111579号

书　　名：产品设计表现技法

著作责任者：张慧姝　主编

责 任 编 辑：郭穗娟　童君鑫

标 准 书 号：ISBN 978-7-301-15434-2/TH · 0144

出　版　者：北京大学出版社

地　　址：北京市海淀区成府路205号 100871

网　　址：http://www.pup.cn　http://www.pup6.cn

电　　话：邮购部 62752015　发行部 62750672　编辑部 62750667　出版部 62754962

电 子 邮 箱：pup_6@163.com

印　刷　者：北京宏伟双华印刷有限公司

发　行　者：北京大学出版社

经　销　者：新华书店

787mm × 1092mm　16开本　9.25印张　213千字

2009年8月第1版　2012年5月第2次印刷

定　　价：42.00元

前 言

本书是为高等院校设计类专业编写的教材，是编者总结了多年来设计表现技法课程的教学体会，也是7年来与企业合作的实践总结（包括每个假期把学生送到企业中实习，学生在企业中完成毕业设计，与企业合作开发课程等）。

中国高等教育工业设计专业培养计划要求工程与艺术两方面能很好地结合起来，在企业中的产品设计也同样如此，既要考虑产品核心技术创新和功能上的要求，也要考虑产品造型的美观。只有内外兼顾，才能塑造出完美的整体。运用产品效果图表现技法进行草图设计的创作，能够在产品开发初期集思广益，搜集大量的创新想法，为后期的产品创新打下基础，同时也可节省成本。

本书使用了大量的企业设计案例，着重阐述产品效果图表现的原理和画法步骤，本书共4章。第1章概述，介绍产品设计表现技法的基本问题，使学生了解产品设计草图在产品设计流程中的地位和作用、企业的岗位设计及其对设计师的要求；掌握产品设计草图效果表现的分类和作用，使学生基本掌握产品设计草图效果表现的特点和学习的要点。另外，通过两个企业案例的分析，使学生深入理解企业产品设计流程。同时感受产品设计草图在设计流程中的地位和作用。第2章工具与材料，介绍在工业设计中进行产品设计快速表现常用的工具和材料，熟悉常用的各类手绘表现工具及其表现特点，熟悉电脑手写板的表现特点，为进一步学好产品设计表现做准备。第3章手绘产品设计效果表现，介绍产品设计表现的依据，使学生清楚如何认清问题，分析问题，提出解决问题方案，最后评估方案。要掌握的产品表现图的透视原理包括一点透视、两点透视和三点透视，并熟悉透视原理的应用和特点。产品设计表现图的画法步骤，包括单色铅笔、签字笔、彩色铅笔、马克笔、彩色铅笔加马克笔、色粉加马克笔、半透明纸、有色纸和钢笔淡彩的画法步骤，产品表现图的透视原理和产品设计表现图的画法步骤是学生着重要掌握的内容。另外，还介绍了产品设计草图概念及分类。第4章是企业案例，以企业中的真实设计案例，介绍在产品开发计划中是如何进行草图创作的，团队设计中草图是如何运用的，加深学生对产品设计草图的理解。

本书将工业设计教育特点与企业设计特点相结合，力求实现三个目标：一是产品效果图表现技法的技术与企业项目中设计草图相结合，二是教育标准与企业标准的统一，三是切实培养出工业设计专业的应用型技术人才。使教师有所教，学生有所学，企业有所用。

本书第1章由张慧姝（北京联合大学）、王茜（北京恒实基业科技有限公司）编写，第2章由张慧姝、黄晶（河南理工大学）、王菁婧（北京联合大学）编写，第3章由张慧姝、尹航（沈阳大学）、孙元（大连理工大学）、刘建华（北京工业大学耿丹学院）编写，第4章由张慧姝、蔡军（江陵控股有限公司开发中心）、柏魁宇（上海金万年实业发展有限公司）、李俊涛（深圳市嘉兰图设计有限公司设计研究中心）、郑皓（深圳市嘉兰图设计有限公司设计研究中心）编写。

本书所引用的企业案例，也得到了许多企业的大力支持，它是将教育标准与企业标准相结合的另一个尝试。

本书也参阅了《设计手绘》《工业设计快速表达》《视觉笔记——产品设计速写》等多种教材，在此对所参考教材的著作者表示感谢！

由于编者水平有限，本书内容难免有疏漏之处，恳请工业设计界与企业界的同行、使用本书的师生及其他读者给予批评指正。

张慧姝

2009年7月

目　录

第1章 概 述

学习目标：阐明产品设计表现技法的基本问题，使学生了解产品设计草图在产品设计流程中的地位和作用，企业的岗位及对设计师的要求；掌握产品设计草图效果表现的分类和作用，使学生基本掌握产品设计草图效果表现的特点和学习的要点。另外，通过两个企业案例的分析使学生深入理解企业产品设计流程，同时感受产品设计草图在设计流程中的地位和作用。

学习要求：要求学生能够根据所给的推荐阅读资料查阅产品设计表现技法及相关资料，了解最新动态，加深对产品设计流程的理解和产品草图的理解，学会分析比较国内外优秀的草图，以便在产品表现图的技术上更好地学习。

1.1 产品设计草图在设计流程中的地位和作用

众所周知，产品设计过程涉及很多行业，这也是在研发过程中每个企业关心的的问题。只有了解设计的过程，才能更好地研发产品，提高研发效率，为产品测试和投产奠定良好的基础。产品设计的通用流程是：项目定义→调研与规划→设计→概念开发→具体设计→细节设计→原型制作→产品样机测试→用户测试→对产品更改→小批量试制→大批量的生产。其中产品设计草图是在“设计”这一环节，在功能模型与产品结构分析的基础上创造产品新概念，主要完成设计概念的构想，草图是把设计构想转化为可视形象的手段，是产品设计过程的重要组成部分。

产品设计构想阶段设计师需要运用各种创意方法，通过大量的设计想法，产生出能够有效解决问题的思路或方案。这些想法都是通过产品草图表现和效果图表现来展示的，团队根据这些展示来进行选择构想，进一步优化，为设计的下一步打好基础，节约成本。

从某种角度讲，产品设计是一项综合性的规划活动，它需要设计师具有综合的创造能力，如产品的外观造型设计、色彩设计、人机因素的考虑等。培养和提高设计草图能力可以直接提高设计师的造型能力和意念表达能力，从而使设计师不断地优化自己的设计方案，最终获得设计的成功实现。

这里所说的产品设计草图是在设计流程中通过产品设计构想而绘制的一些产品图，包括速写、效果图（手绘产品效果图和电脑辅助产品效果图）。产品设计表现技法是完成这些产品图所用的一些方法和原理。产品设计草图是通过这些技法来表现出来的，它们是不可分割的，相互作用的。产品设计表现技法掌握的好坏直接影响着产品草图的表达，影响着方案的优选和沟通；草图在设计流程中的理解直接影响着产品设计表现技法的发挥。

1.2 企业设计中的岗位及要求

通过对国内近百家企业或设计公司的调研分析，可以清楚地知道在大企业的研发部门具体的岗位是ID(工业设计)设计师；在大的设计公司设计师的岗位会细分，有结构（MD）设计师，人机工程设计师，草图设计师，数字建模设计师，模型师等。大型的设计公司除了有自己的设计部门，还有模型制作部门和模具制作部门，如深圳的嘉兰图和浪尖设计公司，整个团队大约有400人，设计师约150人；对于中型的设计公司设计师的具体岗位划分并不明显，除了个别的基础工作，设计师要做几部分，一般这些会按照流程做，人数一般在15～25人之间；对于小的企业可能没有设计师或者只有一两个设计师，会按照流程做更多的部分。企业或设计公司在设计创意阶段对设计师的具体技术要求是必须具备草图的表现能力，这里包括草图的二维表现和三维表现能力。

1.3 产品设计草图效果表现的分类与作用

1.3.1 设计草图效果表现的分类

设计草图效果表现按画图时间长短来分类，可以分为：设计速写、设计效果图、设计三维模拟图三种。

设计速写主要在产品设计前期的资料搜集、方案构思阶段，是产品设计的造型基础能力，是产品设计师必须掌握的一项基本技能。产品设计师通过快速的表现手段把自己的设计思想视觉化、形象化，并有效地传递给观众。对于造型的设计，需要考虑的主要问题有以下两点：结构的合理性，即在造型设计过程中充分考虑到结构设计的可行性以及可制造性；艺术性效果，在满足结构合理性的基础上尽量符合ID设计的艺术效果，如图1.1所示。

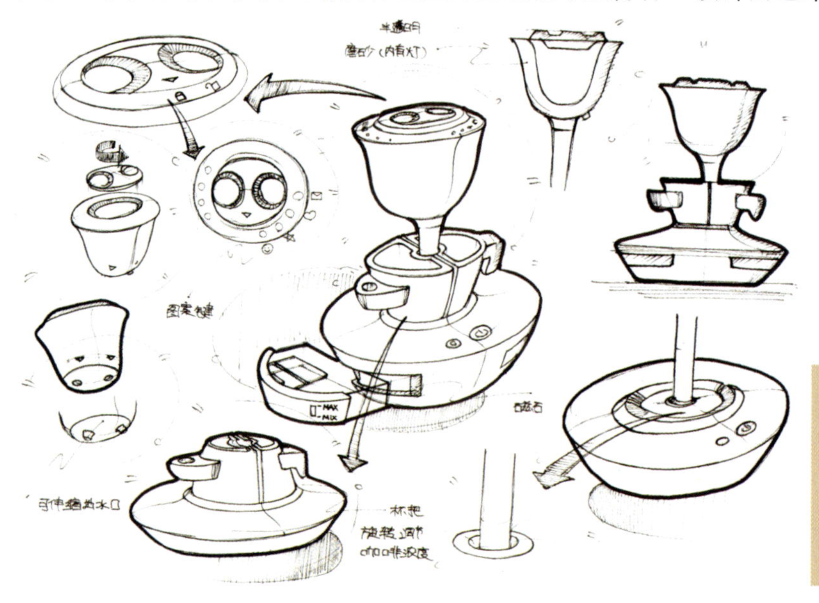

图1.1　咖啡机设计速写（作者：北京联合大学05063382班　史磊　企业指导教师：马楠　董术杰）

设计效果图主要用在设计方案的分析、功能评价、设计定位等深化阶段，如图1.2所示。

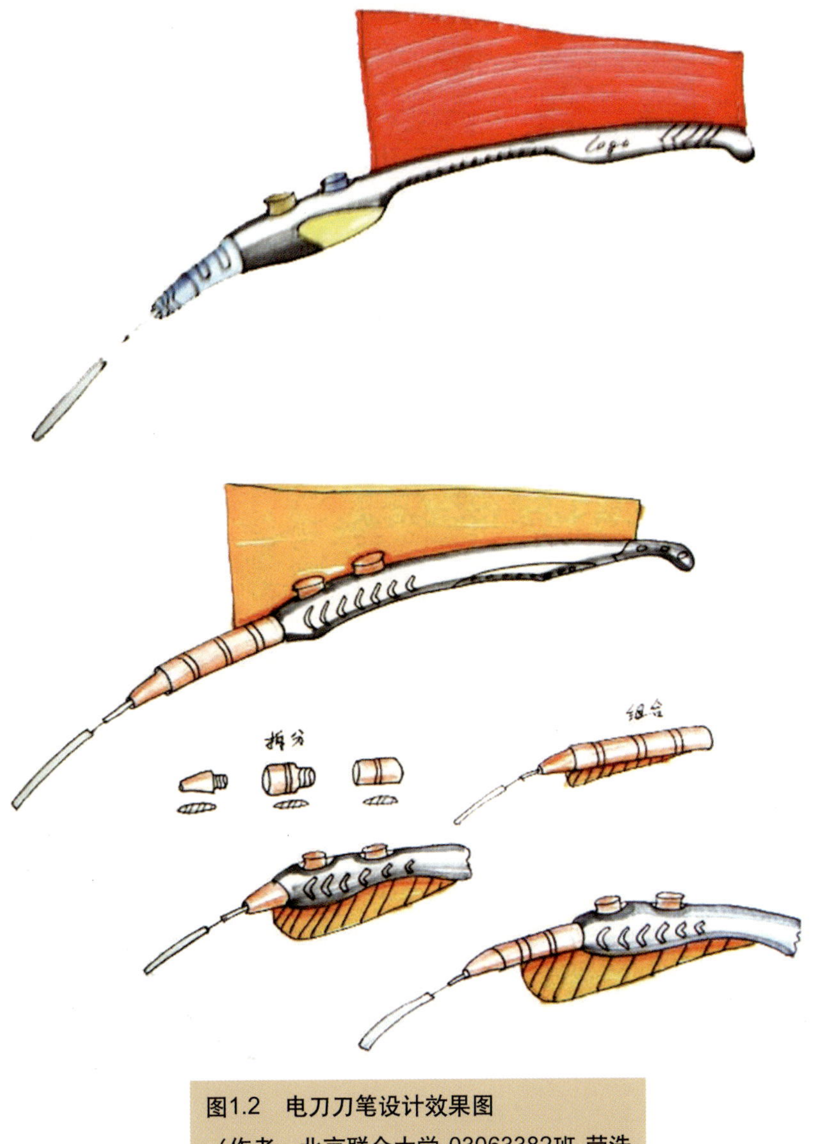

图1.2　电刀刀笔设计效果图
（作者：北京联合大学 03063382班 荣浩
企业指导教师：王茜）

产品三维模拟图主要用在产品完成阶段的宣传、展示和模型制作前的表现。产品三维模拟图的表现主要通过计算机和应用软件来完成。现阶段常用的软件有Photoshop（见图1.3）、CorelDRAW（见图1.4）、3Dmax、Cinema 4D、犀牛（见图1.5）、PRO/ENGINEER（见图1.6）等软件。Photoshop、CorelDRAW软件适合表现面板设计效果，Cinema 4D、3Dmax软件用于表现产品的三维立体效果和表面质感，适合用于产品宣传和决策，PRO/ENGINEER软件适合产品内部结构表现，可以直接驱动激光快速成型机做出真实的产品样机模型。

图1.3 Photoshop二维效果图的绘制

图1.4 CorelDRAW效果图

图1.5 电动童车犀牛效果表现图
（作者：北京联合大学05063382班 韩宝继
指导教师：张慧姝）

图1.6 手机PRO/ENGINEER效果表现图
（作者：北京联合大学05063382班 史磊
指导教师：张慧姝）

按表现工具可分为淡彩法（单色铅笔淡彩、签字笔淡彩、马克笔淡彩、色粉笔淡彩、彩色铅笔淡彩、彩色铅笔加马克笔淡彩、纸钢笔淡彩、色粉加马克笔淡彩），透明水彩画法、水粉画法、喷绘法、半透明纸画法，有色纸画法等。

1.3.2 设计草图效果表现的作用

设计草图效果表现是设计过程中不可分割的组成部分，它记录着设计师头脑中闪现的设计轨迹和创意构思，是激发设计灵感的有力工具。此外，设计草图效果表现还是锻炼设计者观察能力、思维能力和沟通能力的一种较好的方法，是丰富设计思想和扩大艺术知识范围的一种特殊形式。其在设计中的作用可以概括为以下几个方面。

1．积累创意资料

设计是发现问题和解决问题的过程，设计师尤其要培养个人对事物独特的感受能力，设计草图的积累和效果表现可以培养设计师敏锐的感受力和想象力，从而充实创意资料库，不断提高设计能力。

2．分析比较，推敲设计构思

产品设计要求设计师不断地设计出最优秀的设计方案，这些方案的产生往往是设计者大量分析思考、推敲比较的结果。就形态与功能进行反复分析与比较，最终形成最优化的设计，这其中设计草图效果表现起着关键的作用。

3．交流传递信息

设计师在设计创意最终成为产品之前，要不断地与有关方面人员——企业决策者、工程技术人员、营销人员乃至使用者或消费者之间形成不断的信息沟通，从而获得各种反馈意见，以完善设计方案。产品设计效果表现图形象直观且形成快速，是设计者与各相关部门交流信息的重要手段。

4．提高设计表现力

设计草图本身就是体现产品设计师基本表现能力的重要方面，在工业设计专业知识构架中，素描是训练设计师精确捕捉并塑造客观形体，设计草图效果表现则是在素描基础上更加高度的概括和提炼，例如对所表现的设计进行光与形的假设，对产品形态结构以最简单的基调表现，这些均是在原有设计表现力基础上的进一步提高和深化。

1.4 产品设计草图效果表现的特点

产品设计草图效果表现是在平面上表现立体物体，以形象和色彩传达视觉信息。手绘效果图是依靠表现规律和程式进行作图，设计三维模拟图是通过电脑的操作技术和表现知识来完成的。它力图把所构思的对象物的形态真实可信地表现出来，受到对象物的色彩、材质、造型和加工工艺等诸多方面的严格限定。产品设计效果表现图最重要的意义在于传达正确的信息，正确地让人们了解到新产品的各种特性和在一定环境下产生的效果，便于各种人员都看懂并理解。

1.5 产品设计表现技法的学习

这里着重说明手绘设计草图，它比电脑效果图要更快捷和节省成本。在美国著名的大学ART Center的工业设计学科，学生一晚上要画50张创意效果图的作业。学生在做其他课题的同时，还要一晚上完成50张谁看了都可以理解的产品的构造、材质及色彩等设计内容的效果图，这不是件容易的事情，他们做到了。通过这种强化的教育，就具备了充分的实力，他们作为专业设计师毕业的同时，也成为世界上各大企业或非常有名的设计公司的抢手人才。在日本清水吉治老师所教的学校采用的方式是：二年级的学生全年内每隔一周教师对设计草图进行指导，在这一年内180学时的课程，教师演示画法，学生临摹，下课交给老师。在效果图训练课程中，采用容易理解的、简单的造型方法如下所述。

(1) 以立方体、长方体、圆柱体、圆锥体以及四角锥等这些基本的立体形状为基础，通过效果图来进行有目的造型展开方法。

(2) 参考英文字母的形态，通过效果图来进行有目的的造型展开方法。

(3) 参考动物以及海洋生物的形体、通过效果图来进行有目的的造型展开方法。

(4) 从语言的影像联想到的造型，用效果图来进行有目的的形态展开方法。

(5) 从汽车、船、新干线以及飞机等人造物的形态得到启发，通过效果图来进行有目的的造型展开方法。

(6) 以任意的立体作为基本形，在其上附加其他的立体，用效果图来进行有目的的造型展开方法（复合法）。

(7) 以任意的立体作为基本形，切取其中没有必要的部分，用效果图来进行有目的的造型展开方法（消除法）。

(8) 以电波、音波、电磁波以及各种振动波等的波形为基本形，用效果图来进行新的造型展开的方法等。

造型的展开方法是没有固定的，学生必须用自己的方法将造型展开，以便他们的逐步提升。

1.6 案例分析

以下两个案例均由北京恒实基业科技有限公司王茜提供。

1.6.1 案例一：C-21氩气刀配套设备——脚踏开关外观设计

1．项目来源

在电外科手术中，脚踏开关（图1.7）配合刀笔、镊子等手术器械的使用，能够为主刀医生提供更多的便利，所以成为客户方（即医院）的迫切要求。脚踏开关作为附件与C-21氩气刀捆绑式售出，是公司的产品在功能上多样化、品种上系列化的必由之路，此方式将进一步提高公司产品在市场上的竞争力。于是，在市场需求的拉动和竞争对手压力的推动下，开发C-21氩气刀配套用脚踏开关提上了议程。

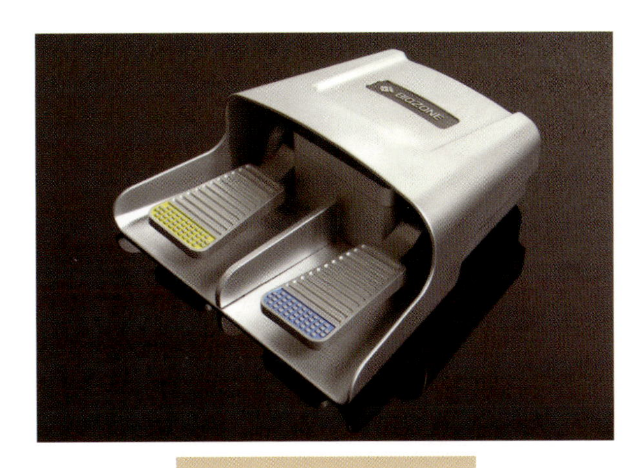

图1.7 脚踏开关外观设计

2．项目任务目标

根据公司现有的氩气刀主机产品，对氩气刀配套设备中的脚踏板开关进行系统设计，确定脚踏板的设计风格。设计出一款具有双联开关的脚踏板开关。除了具有自己品牌特色之外，与此同时也会遵循提高性能、降低成本的原则，来提高市场竞争力，改进研发策略，将现有脚踏开关结构和外形进行改进，提高性能、减轻重量、降低成本，迅速推出与现有机器相配套的产品，以维持并扩张公司产品的市场份额，这就是此项目任务的目标。

3．项目前期准备工作

接着通过零部件测量，查阅《机械设计手册》反求原设计数据，并分析原设计意图发现：

（1）为了防止人为的冲击力和落下物造成的误动作，踏板下的复位弹簧提供约4kgf（1kgf=9.8N）左右的阻力，并且底板上折弯的两翼也是防止误踩的。

（2）踏板尺寸符合“黄金分割定律”的美学要求。

（3）在此脚踏开关正式投入使用之前，须调节小螺柱使挡舌前端刚好接触上微动开关的顶杆，此时挡舌处于初始位置。踏板被踩下的总行程为14mm，在约行程1/3处，微动开关触发。踩到底时，转轴转动7°，微动开关的顶杆达最大行程2.24mm。

（4）连接压帽和挡舌的弹簧同时受到压缩和弯曲变形，其自由长度恰好等于内腔的深度。

它的不足之处在于：

（1）调节挡舌用的小螺柱过细、易弯，并且可调性不好。

（2）在转轴上装配零件时存在方向性。

（3）通过分析认为，挡舌类似挂钩的外形可能会限制其批量生产，原因是落料生产时排样困难，产生的废料多。

通过在廊坊某厂的初步调研分析认为，三大件的材料应为3系列的铸造铝合金，由砂模铸造而成，并配有少量机加工和喷塑工艺。三小件的材料应为镀彩锌的A3钢，由模具冲压而成。根据加工难易程度，需要的冲模数量如下：压片最易、需两副模具，压帽次之、需三副模具，挡舌最难成型，可能需3～4副模具。转轴的材料应为45号钢，由车削加工而成并调质处理。心轴的材料应为直径3.5mm的冷拔圆钢，同样配有少量车削。

4．设计风格定位及分析

基于脚踏板是氩气刀系统（图1.8）的一个配套设备，是系统的一个部分，不能孤立地去单独设计脚踏板开关，而是要把脚踏板开关放到氩气刀整个大的系统去考虑，所以脚踏板的颜色和造型就要和主机的风格颜色一致，使其自然，融为系统的一部分，此为系统设计。脚踏板的设计也要遵循以下准则：

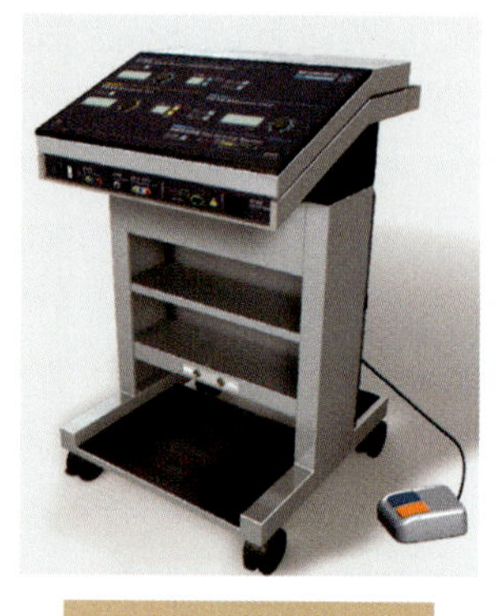

图1.8 亚气刀系统

1）脚踏板开关与系统和谐准则

公司的企业文化为奢侈品原则，而奢侈品原则是和谐大方，浑然天成，以整体设计为基点，每个细节都要求尽善尽美。当有形的产品材料与精神价值、产品形象和品牌融为一体，就会体现出一种公司品牌文化的整体感。所以脚踏板的设计风格要和主机相和谐。

（1）外观造型和谐原则。

而主机的造型为高科技风格，以直线型为主，简洁、有力。整体紧凑。颜色为科技感很强的金属灰。面板也为科技感很强的深蓝色，面板有些小色块的橙黄色和红色。那么脚踏板的设计也要在这个风格系统之中，使其与系统浑然天成，并有自己的特点。

因此具体到系统的一个配件的风格要求上，也要遵循整体的系统的设计风格和定位。在外观造型上，外形结构严谨，同时具备鲜明的语义指示作用。与现代审美观结合，造型整体统一，色彩明快简洁，线条流畅。

（2）色彩和谐原则。

传达产品的文化和品牌信息的最强烈的因素之一是色彩，因为色彩传达信息最快。所以在脚踏板开关设计时，为了和主机色彩和谐统一，在设计之前，分析和主机相关的色彩，然后应用在配套设备——脚踏板开关上，让二者之间产生关联，有共同的色彩元素在里面，产生和谐的效果。

根据图1.9所示，可以总结出公司的产品为金属灰配深蓝色面板。不失高档、精致和高科技感。在此基础之上，脚踏板的颜色就取自主机的颜色，金属灰色加一些橙黄色和深蓝色的小警示色块。

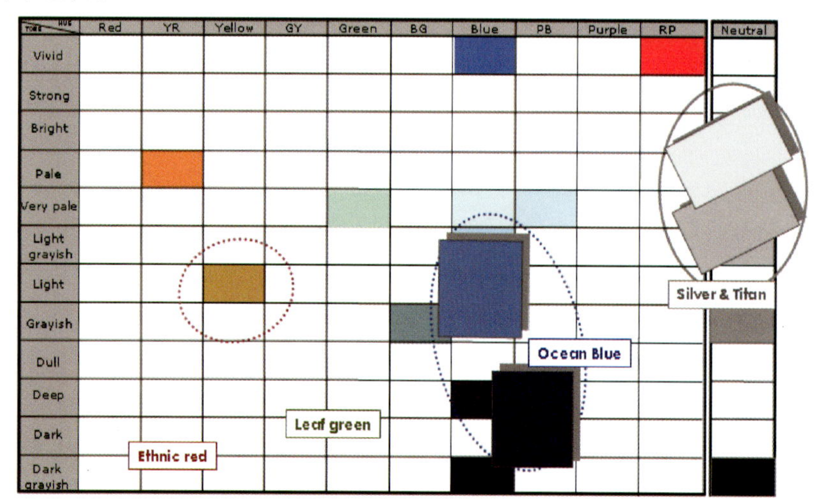

图1.9 公司产品配色分析

这样，在奢侈品文化影响下设计出来的产品会体现出品牌价值、功能、设计和对细节的紧密联系，从而散发出一种整体的和谐气氛。如果所有的一切搭配得当，就会体现出自己的文化。

2）脚踏板开关情感型设计准则

情感设计准则风格体现于有独特个性的情感型医疗产品。研制医疗产品不仅是设计复杂的机器，产品从使用之日起就和人产生了互动和交流，人在使用中也会融为产品整个系统的一部分，脚与踏板接触时舒适的触感，操作脚踏板开关时的方便快捷以及脚踏板造型的美感。能特别体贴地满足这些感觉的产品，非常令人着迷，这就是所说的情感型技术产品。

3）使用者使用心理准则

作为一种特殊的医疗器械，氩气刀的使用者为两个不同的角色。首先是购买者——医院的决策人，他的购买心理在于外观方面，希望买到科技含量高，外观高档，物超所值的产品。所以产品就要定位于高档、精致的高科技风格。色彩饱和度不能太高。

其次，就是实际的使用者，主刀医生对设计的需求在于满足功能的基础之上，外观尽量人性化，产品语义学方面更鲜明一些，这样在使用时，之前不需要刻意的大量的学习机器的使用，其产品造型的形态语义会自然传达使用的信息，使其简洁易用，并融入情感设计，减轻使用者的心理压力。所以脚踏板开关的设计也要符合以上两个角色的要求。

而通过对公司两款现有的进口脚踏开关分析，可以发现Birtcher公司的双联脚踏开关，材质以铸铁为主，外形比较陈旧，以不规则钢板做底座，没有整合的造型，基本以功能为主，趋向于当今市场的实验原型机。Conmed公司的单联脚踏开关，材质也以铸铁为主，外形趋于整体，但外观造型单调，没有变化和亮点。所以在此基础上，再重新设计脚踏板的外形，就要避免以上的问题，使外观造型符合当今市场潮流，以提高市场的竞争力。

5．设计中需要注意的具体问题

首先要注意的是根据人体工程学尺寸（见图1.10）来计算脚踏开关的功能尺寸。才能在使用的同时带给人舒适感。下面有几个具体问题需要注意：

（1）防滑：需要解决的是产品的防滑，否则误操作会引起一定的危险性，所以在外形上就要首先考虑防滑的问题。多设计一些防滑的纹样，起到防滑和装饰作用。

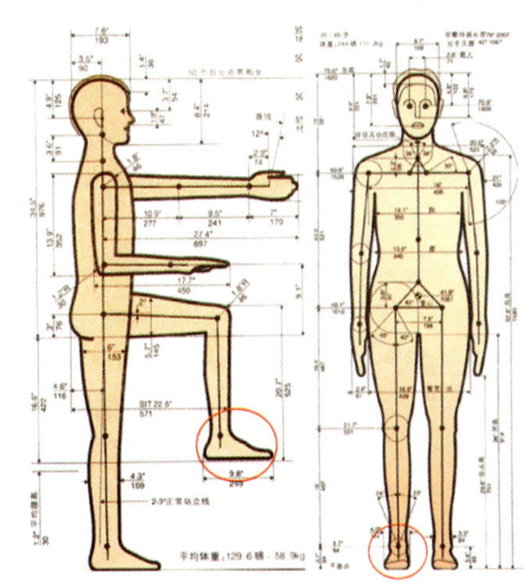

图1.10　人体工程学尺寸

（2）防溅：在防水方面，达到防溅的标准。

（3）防误碰：因为双联设计，会遇到左右开关误碰的现象，这就需要在设计中加入阻挡设计的元素，来避免这个问题。

（4）脚的碰触方面（人机学方面）：脚踏板和人体接触最密切的部位就是脚，所以就要了解脚的形状、尺寸，使设计更符合人机学，以达到操作时更舒适。

（5）造型语义指示作用：因双联脚踏开关左右开关是两个不同的功能，所以需要产品外形设计时，带有强烈的语义指示作用和区分作用，让使用者在造型的提示下，方便进行操作。

（6）造型人性化设计同时融入情感设计：在设计脚踏开关时，在满足人性化设计、人机设计的同时，适当加入一些情感设计元素，在心理上拉近产品与使用者的距离。

6．项目计划和实施步骤

1）市场定位、市场分析

在项目准备的阶段，对脚踏开关进行调研，调研资料可作为后面的设计依据和参考，同时也学习了脚踏开关的基本结构知识。如Conmed公司的单联脚踏开关和Birtcher公司的双联脚踏开关的学习，了解符合公司实际情况的技术方面的支持，这对设计的可实现性提供了很大的帮助，也为市场定位提供了参考。其中包括市场对现有产品的反馈意见，以及现有产品所存在的问题的提出，以此找出问题，并提出解决问题办法。根据当今流行趋势，找出市场流行元素，为脚踏板外观设计提供有力的设计依据，并为以后的具体外观设计起到指导作用。调研开关分析如表1-1所示。

表1-1　外观调研分析

外观造型分类	图例		
双联罩壳式脚踏板	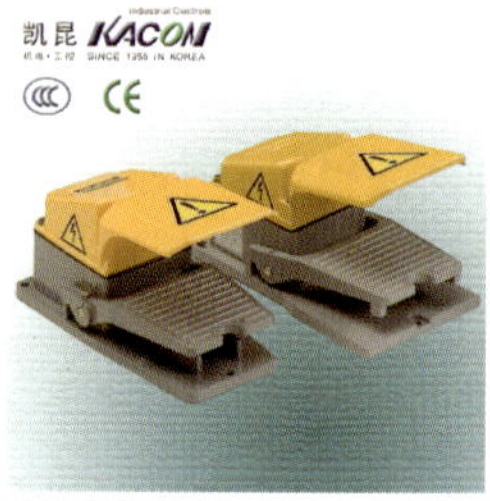 凯昆 KACON	 凯昆 KACON	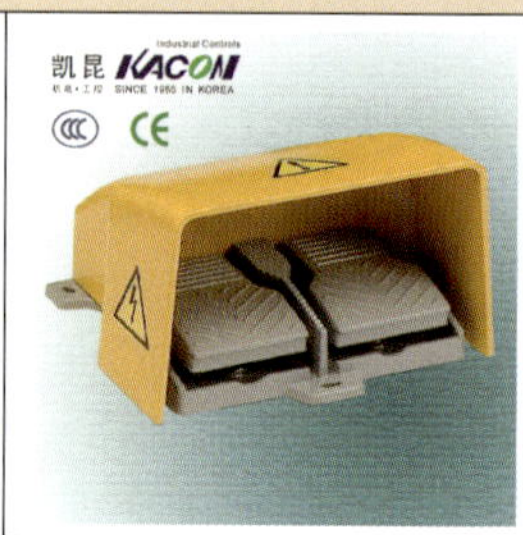 凯昆 KACON
单联罩壳式脚踏板	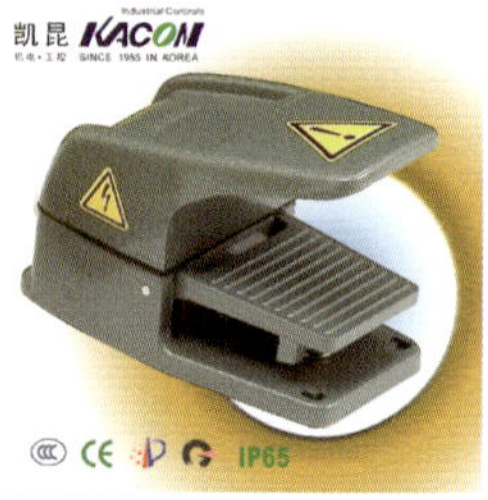 凯昆 KACON IP65		—
单联开放式脚踏板	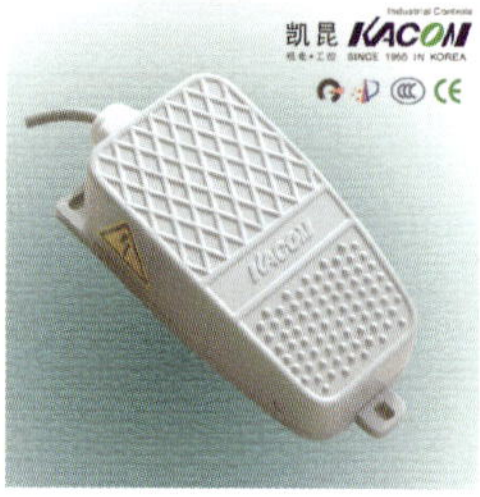 凯昆 KACON	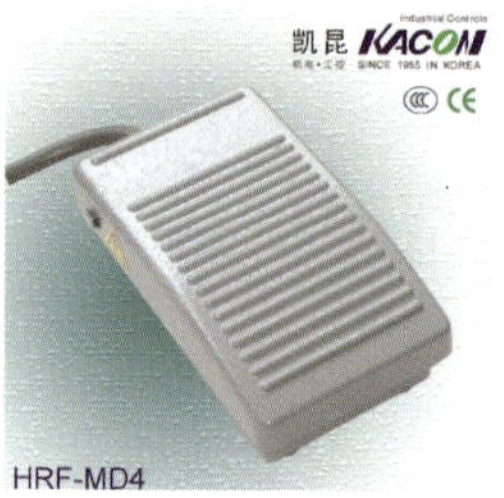 凯昆 KACON HRF-MD4	
双联镶入式与开放式脚踏板	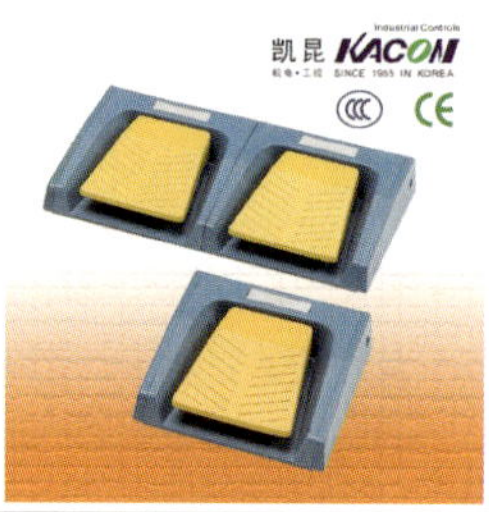 凯昆 KACON		

对同类竞争产品的比较，可以发现，其他公司脚踏板设计材质基本都用塑料，脚踏板颜色以大块的蓝色和橙色为主，这样用对比强烈的冷暖色，把不同功能的两个开关区分开来。不容易误踏，但从整体来看，和整个系统主机不搭配，自成一体，没有把握住和谐原则。而且风格为现代气息的现代主义风格，非高科技风格，看起来像运动器械的配套设备，给人感觉不高档。反之，把握住以上原则，设计出来的产品则会更加和谐、人性化和具有高科技感。

脚踏开关设计的理论参考即人机工程学规律。脚踏开关分踏板式和压钮式两种。这里主要讨论踏板式。脚踏板多用右脚操作，一般设计成矩形，且宽于脚掌25mm，其表面宜有防滑纹，纹路一般多为齿型，踏板被踩到底时与地面相平。

国内外脚踏开关外形上大多是直中有变，式样上分嵌入式和罩壳式，材料上分金属造和塑料造，开关触发方式分机械式（即触头的开合是通过某种机构实现的）和广义机构式（即通过电、磁原理实现开关通/断）。国内自1988年以来有申请脚踏开关的专利包括实用新型专利和发明专利各一篇。从中不难看出，他们设计的踏板式开关几乎就是反映现在的主流产品。

2）概念设计阶段

通过以上问题的提出，进行相应的概念改良设计。用马克笔或水粉等形式绘制大量的草图方案，提出不同的设计思路。草图期间邀请其他相关部门人员，针对完成的草图进行可行性的讨论，对包括成本、结构可行性、工艺可行性等方面展开讨论，提出改进意见。图1.11～图1.14所示是踏板式开关设计的三个阶段方案。

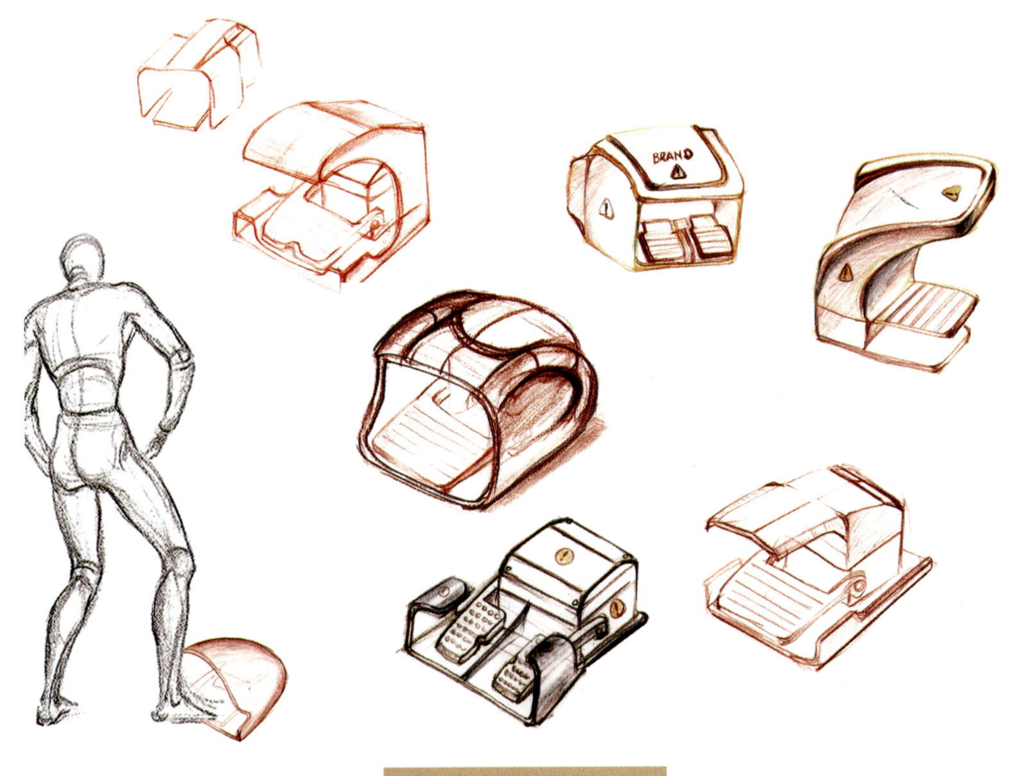

图1.11　第一轮设计方案

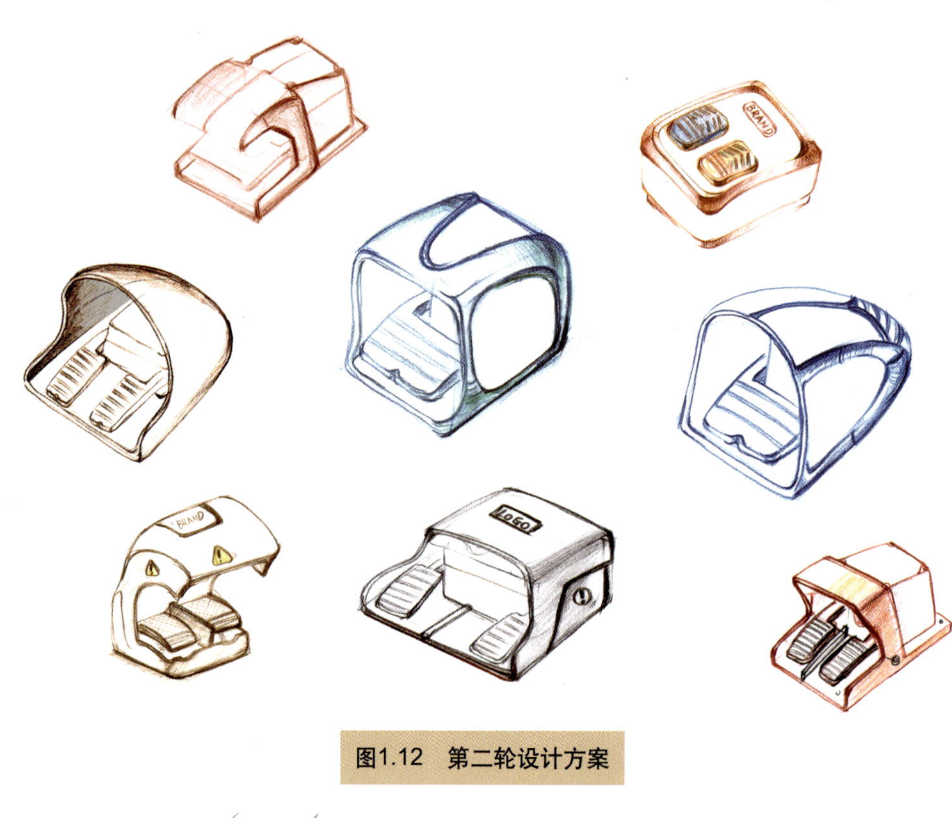

图1.12　第二轮设计方案

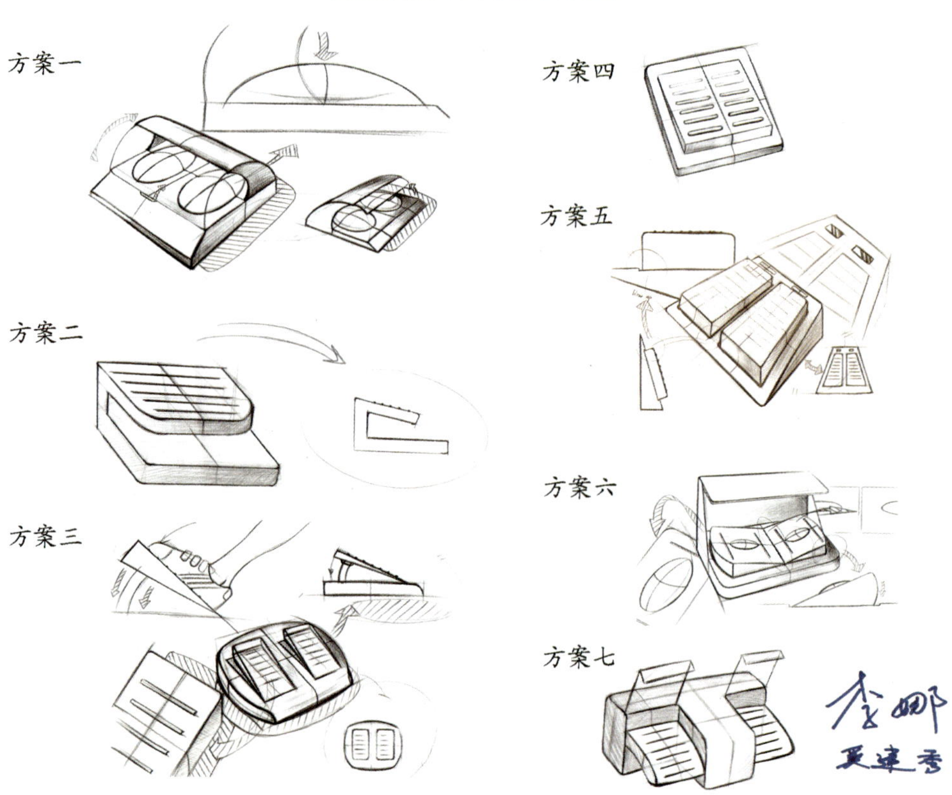

图1.13　第三轮设计方案

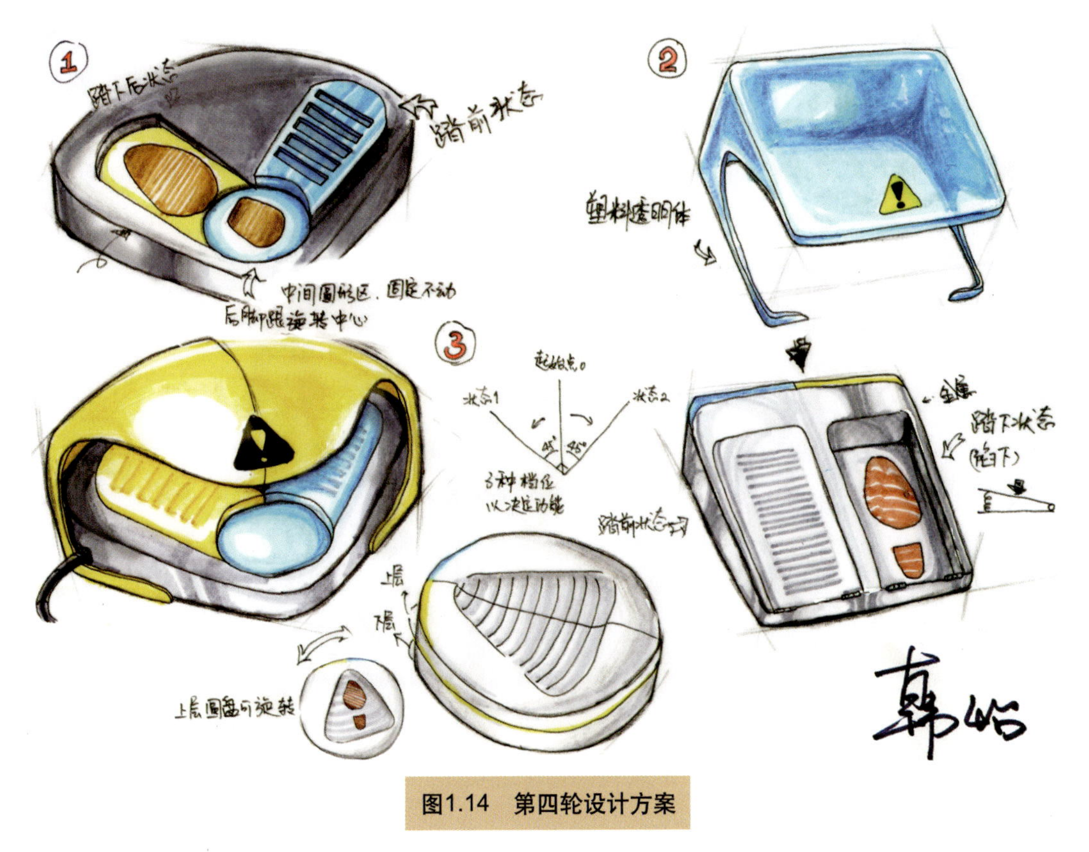

图1.14 第四轮设计方案

3）效果图绘制阶段

对草图进行筛选，选择几款符合以上要求的、并具有创新性的草图进行三维效果图的绘制。用三维软件建模，渲染，提交最后创意方案。效果图绘制完成，约请相关部门人员，针对效果图提出不同方面的意见，并同时加以修正，最后选定一款方案，建模之后送交结构部门进行后续设计，如图1.15所示。国外的公司更多是先结构设计，再进行ID（Industrial Design）设计。

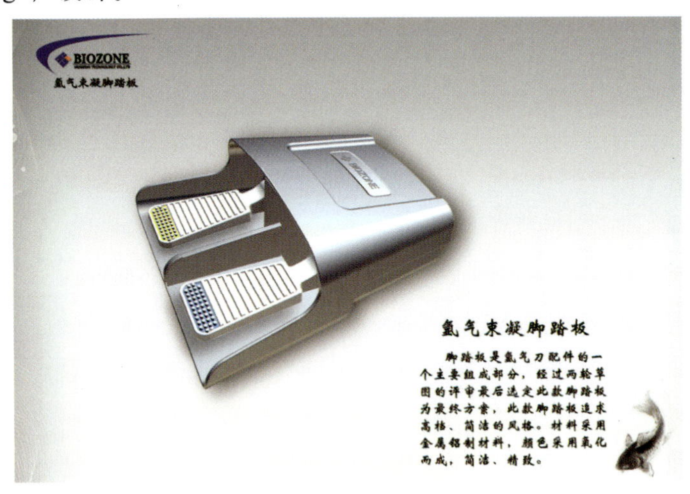

图1.15 方案确定

4）手板制作阶段

数字化样机即各大公司俗称的手板，分为外观板和结构板两大类，前者为验证外观设计效果而制作，为实现外观色彩，材质表现，可做主要的连接机构，但不需要实现产品的主要功能；后者则不仅需要做外观，同时要做完所有的结构件，验证结构的合理性以及试验产品的功能。因此结构板又称做功能板。此设计直接进入结构手板的制作，二者一起验证，如图1.16所示。

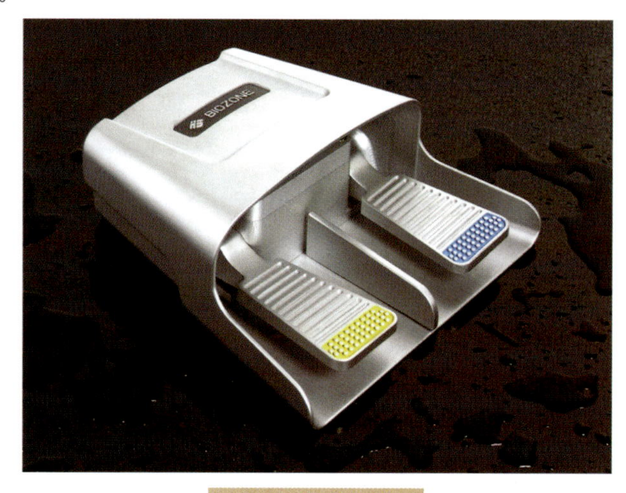

图1.16 手板模型

7．技术重点及难点

（1）踏板和转轴上对应位置销孔的加工以及最终销钉合理装配使踏板和转轴随动（重点）。

（2）如何让触发机构（主要是挡舌的外形）更合理（难点）。

8．风险、不确定性及其应对计划

（1）造价超预算。

（2）不确定因素导致开发日渐困难。可能因制造因素导致产品装配及使用中的困难。例如出现装不上，难装，转轴一开始就受力，转轴装配有方向性，触发迟滞，喷塑易脱落等。

相应的对策：

（1）货比三家，选材料以满足性能且价格便宜为准；采用适当的工艺。

（2）与供货商保持密切沟通，及时监督加工过程，及时调整，此风险是可以避免的。

9．结构设计项目计划及实施步骤

根据有关上级的指示与安排，委托工业造型部同事进行造型设计（包括配色）并与其保持密切的沟通，就结构对外形的约束给出指导。与此同时，和采购部同事一道，带上现有脚踏开关及其图纸，寻访河北地区的生产厂家，以求证如材料、工艺等问题上的疑点并试图发现新问题，辅助评估厂商铸造加工 、钣金加工和机加工能力。期间填写如下文档：委托书、资金申请表、出差申请表、零件分类目录表、外购标准件一览表、项目进度情况表、项目费用一览表、风险应对计划表、验收技术条件、检验规范、产品说明书等。上交技术类书面文件归档（最长三周）。

阶段性设计评审，即造型设计方案评价（称为一审），结构设计方案评价（称为二审）。绘制所有零部件图及总装配图。上交书面版图纸归档（最长两周）。

在交付厂商试制之前，对相应的图纸进行自我检查（称为一校），研发部同事检查（称为二校），部门顾问检查（称为三校），如确有绘图错误或技术要求上的疏忽立即做相应修改（最长两周）。

交付试制并与供货商保持密切的沟通，为的是从对方那儿及时获得试制过程情况并予以监督。一旦出现问题（包括图纸的问题，装配过程中可能遇到麻烦等），由双方共同研究，妥善解决。同时填写请购单，委托采购部同事购买各种标准件并分时敦促供货商的生产，以求保质、高效地试制出样品（两个月）。

试制完毕，针对该样品开鉴定会或验收会（可以是现场的，也可以在公司内部封闭式的）。席间认真听取各方评委的意见。如果鉴定结果未通过、需更改设计时，须慎之又慎，反复讨论。当事实确凿即重复以上步骤4～6（两天至一周）。

鉴定结果满意后，进行设计定型、工艺定型。向有关上级作项目总结报告。上交书面文件归档（2～3天）。

在继续监督的状况下投入小批量生产。

10．项目成本匡算

项目成本由研发成本和生产成本组成。这里仅作简要叙述。生产成本包括如下内容：

（1）三大件的铸造费用。估计费用由木模制作费、原材料费、小时工、加热能耗等费用组成，按200元/三件算。（依据他人经验：非开模加工费用＝材料费×3）可供采购部参考。

（2）三小件的模具费用。费用由设计费、试模费、原材料费、运输费、小时工等组成。在假设设计费50～100元，试模费20元，原材料费100元，税率7%，运输费0元，小时工2元的前提下，经冲压模具报价软件计算得表1-2数据，可供采购部参考。（补充：通过在文安县某做冲压模具的厂子里的调研发现压片只需一副复合模即可，价格约1000元；压帽需要三副模具即复合模、成形模、切口模，价格约2500元（除去切口模后）；挡舌也需要三副模具即落料模、成形模、切口模（共用），价格5000元。

表1-2　模具费用计算值

零　件	所需模具	价　　格
压　片	落料模	约294元
	冲孔模	约182元
压　帽	落料模	约266元
	弯曲模	约182元
	冲孔模	约182元
挡　舌	落料模	约419元
	弯曲模	约364元
合　计		约1889元

（3）机加工件的费用。包括车、铣、表面处理等费用。按20元/3件算（依据他人经验：机加工费用＝材料费×2），可供采购部参考。

（4）底板折弯、发白处理等加工费用。按铸造费用的经验公式算，即20元/件。可供采购部参考。

1.6.2 案例二：C-21氩气刀多功能刀笔及电刀笔外观设计

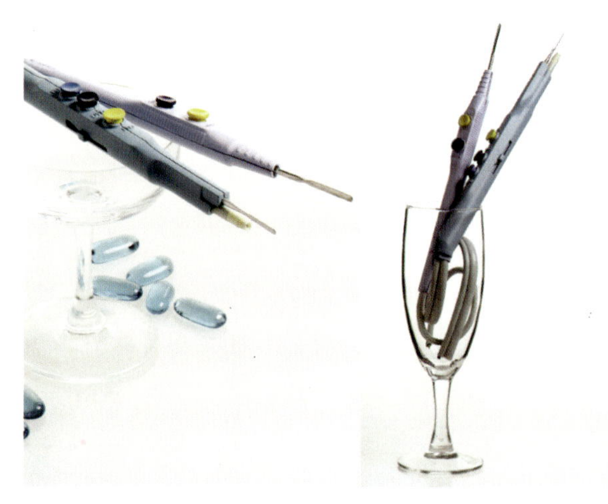

图1.17 氩气刀方案
（作者：李俊涛）

1．项目来源及意义

目前公司的主机产品市场反映良好，但是作为其配套产品刀笔的市场反馈意见很大，无论是其操作“宜人性”还是外观造型的“艺术美学价值”都没有得到提升，设计一款符合市场要求、简单易用、高附加价值的刀笔是研发部门的当务之急。

新刀笔的研发不仅可以提高C-21氩气刀（见图1.17）的市场整体竞争力，同时可以争取到更多的氩气刀耗材市场份额，从而创造更大经济效益。

2．项目任务目标

（1）短期目标：对现有长短刀笔的一款改良设计，年底之前投产。

（2）长期目标：根据市场需要和公司的研发实力开发出系列刀笔。

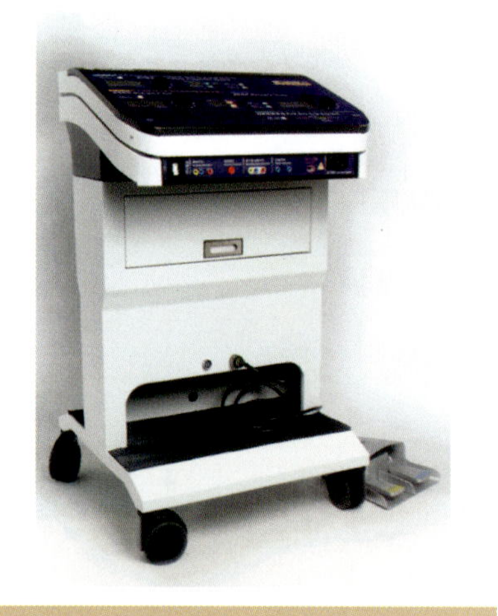

图1.18 体现了企业文化的主机设计

3．刀笔设计中要考虑的问题

“实用”、“美观”、“经济”是工业设计的三大原则，分别在以下几个方面体现：

（1）符合刀笔人机工学分析的结论 。

（2）符合医疗器械外观设计流行趋势。

（3）与企业文化匹配。

恒实基业的企业文化就是奢侈品原则，“经典”、“可靠”是对奢侈品原则最好的诠释，未来的刀笔设计也要追求经典和卓越，可以通过色彩上的一些点缀来体现公司的文化，同时和主机协调，如图1.18所示。

（4）在刀笔系列化的全局考虑下做设计。

为了减少产品开发成本，必须考虑系列产品中很多模块是共用的，从“系统设计”的角度必须全局考虑，当设计其中之一时，必须知道还有多少个产品要开发，这些产品之间有多少差异和共同点，哪些部件是可以作为共用模块来设计的。

（5）充分考虑到结构的可行性。

造型设计在前期阶段和结构设计时必须有充分的交流和沟通，保证其结构可行性。

4．项目流程与时间进度表（见图1.19和表1-3）

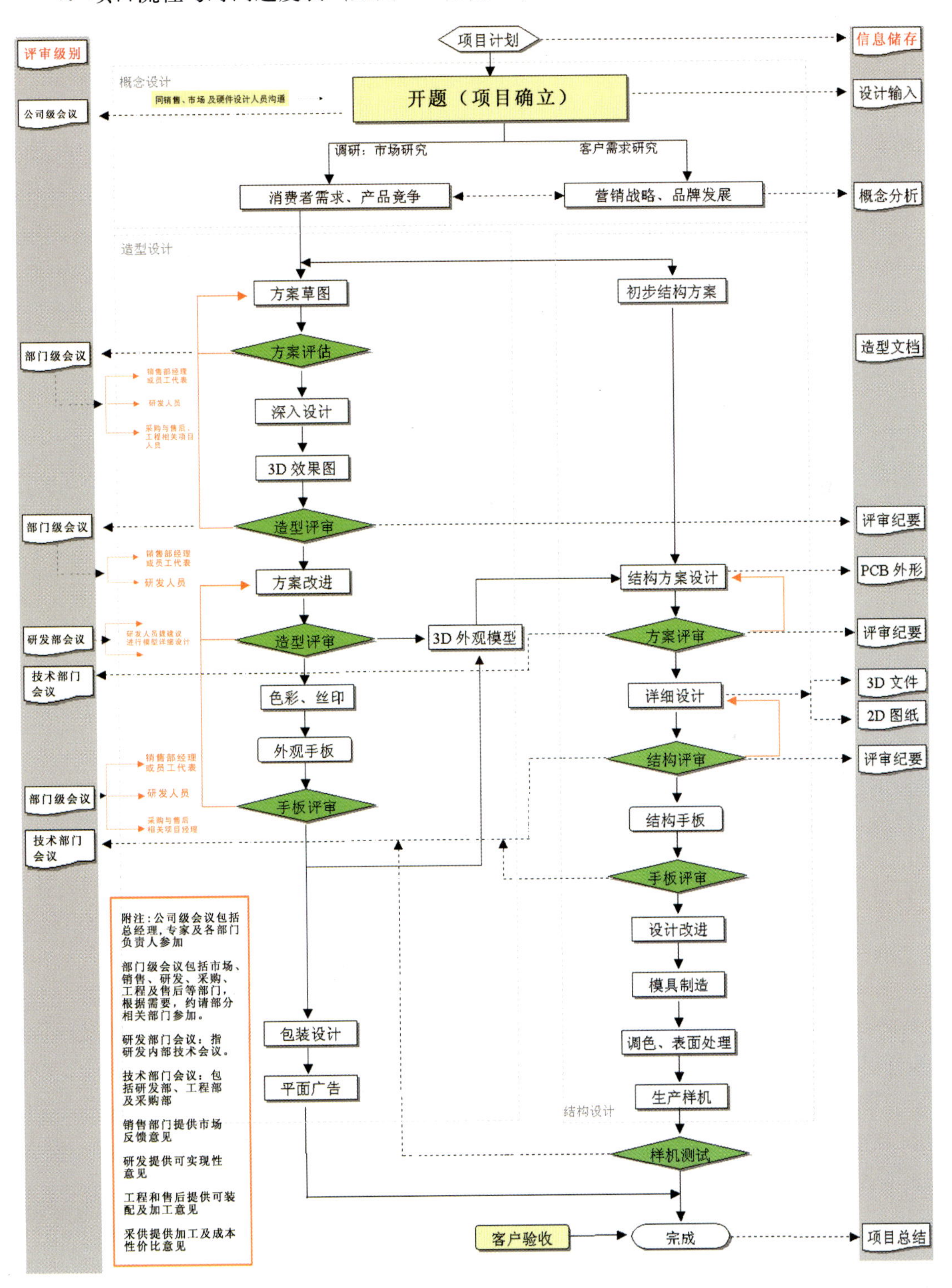

图1.19　恒实基业项目设计流程

表1-3 刀笔外观设计项目时间进度

阶段进程	阶段完成的内容	阶段完成的时间
第一阶段：前期研究和分析	整理市场对现有产品的反馈意见 医疗产品流行趋势分析：通过分析医疗行业特点和主流的审美文化，找出流行主题和流行元素，为外观设计提供依据。 刀笔设计人机分析 企业文化研究	8月1日—8月25日
	刀笔系列化规划（与领导和研发部沟通解决）	8月23日—8月25日
第二阶段：概念设计阶段	通过以上问题的提出，进行相应的概念改良设计。用马克笔或水粉等形式绘制大量的草图方案，提出不同的设计思路。草图期间邀请其他相关部门人员，针对完成的草图进行可行性的讨论，其中包括成本方面、结构可行性、工艺可行性等方面展开讨论，提出改进意见	8月28日—9月8日（中期验收，工作量10张以上草图）
第三阶段：效果图绘制阶段	对草图进行筛选，选择几款符合以上要求的、并具有创新性的草图进行三维效果图的绘制。用三维软件建模，渲染，提交最后创意方案。效果图绘制完成，约请相关部门人员，针对效果图提出不同方面的意见，并同时加以修正，最后选定一款方案	9月11日—9月20日
第四阶段：数字化样机建模阶段	方案选择经过投票选出一款，完成Mock-up的三维建模工作，后转交结构部门进行后续的设计	9月20日—9月30日

5．设计第一阶段：项目前期研究和分析

1）现有刀笔的市场反馈意见

（1）形态太方正，手抓握姿势不舒服。

（2）按键的位置不合理（根据抓握和施力角度有的靠近前端，有的靠近后端）。

（3）很多小医院承受不起昂贵的一次性耗材费用，建议设计成刀头可拆卸型。

（4）按键的声音反馈不是很明显。

（5）氩气管太硬太粗，拖动刀笔比较费力。

（6）刀头起碳的问题比较严重（与公司的策略有关）。

（7）耗材太单一，不能满足各种手术的需要。例如长短刀笔不仅有刀柄的长短，更应该有刀头的长短区别。可以单独设计氩气喷头专用笔、电刀笔、三用笔。

（8）材质工艺要精致，有人说刀笔有从中间开裂的情况发生，分模缝隙开裂，导电激发，发生医疗事故。

（9）包装比较低档，可以做成前面透明的效果。

(10) 最好有个手提袋，每次携带超市的塑料袋显得企业不规范。

(11) 去掉上面的文字 (connor) 或者改成其他的字样。

(注：资料源自2006年8月9日恒实基业研发部与销售部的讨论)

2) 刀笔人机工学分析

(1) 生理机能面分析和刀笔与手指接触部分截面形状。

产品的机能面包括物理机能 (即产品组件与组件间的关系) 和心理、生理机能即产品组件与人可能接触的关系，它注重人体测量与人机工程在造型和机能方面的适当配合。

“机能面关系界定法”是产品造型设计的重要方法。首先确定产品的机能面数目；然后估计各机能面所需要的面积或容积位置；连接各机能面相互配置的关系；雏形的产生与形式几何化，尺度大小的修改；最后丰富造型形式，选出可行的方案。

① 刀笔机能面。

如图1.20所示拇指、食指和中指四处生理机能面。

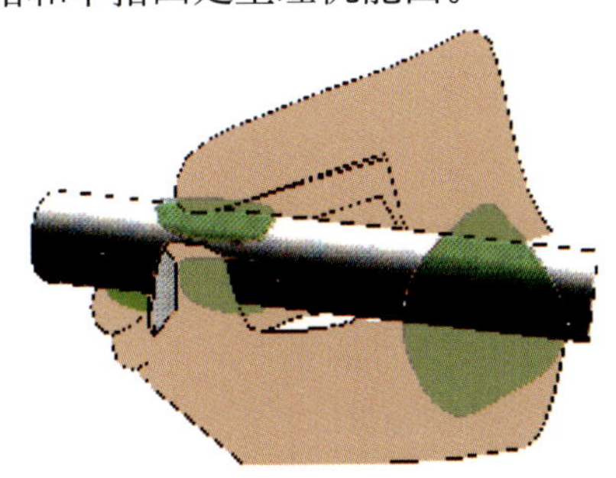

图1.20　生理机能面分布图

② 刀笔与手指接触部分截面形状。

由于手抓握部分有拇指、食指和中指三部分生理机能面，并且抓握姿势大体成三角形，所以刀笔与手指接触部分截面的基本形状应为三角形或者圆形，或者由圆形拓展开来的六边形和有很大圆角的四边形。

刀笔抓握后端截面：

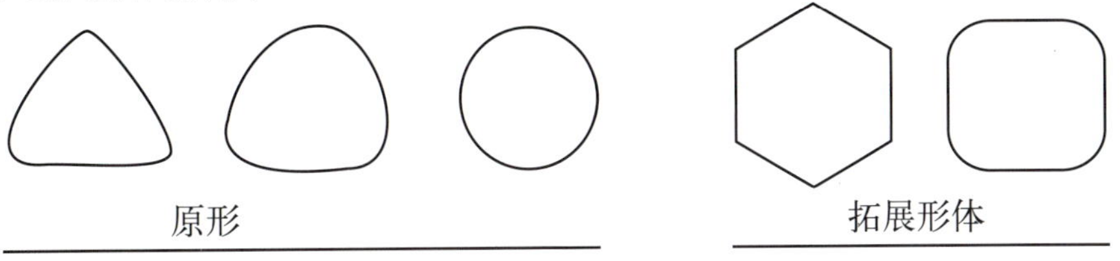

刀笔抓握后端截面一定要拟合虎口的形状，所以刀笔后端的形状应为圆弧状

刀笔抓握后端截面：

(2) 操作方式分析。

① 操作整体分析。

由于手的解剖学特点，手的不同部位随意控制能力的不同，比如食指的运动行程大于

拇指，食指的灵活性强，操作姿势设计的原则是“按照手指的自然能力分配负荷”。

刀笔与手指接触部分截面形状按照三角形分析，激发按钮和伸缩滑杆放在不同位置体现了不同的操作方式，如表1-4所示。

表1-4 两种操作方式的比较

图　例		
操作方式	拇指操作激发按钮，食指推拉伸缩滑杆	食指操作激发按钮，拇指推拉伸缩滑杆
优　点	食指行程大，利于推拉伸缩滑杆	1．食指灵活，用其操作使用最频繁的激发按钮，符合“按照手指的自然能力分配负荷”的原则 2．拇指推力比较大，利于推拉伸缩滑杆
缺　点	1．拇指按按钮不是很灵活 2．食指推力小，不利于推拉伸缩滑杆 3．没有用最灵活的食指做最频繁和运动准确性高的动作，违背了“按照手指的自然能力分配负荷”的原则	拇指行程较小

表1-4说明食指操作激发按钮优于拇指操作激发按钮的方式。

② 动作分析。

为了寻求省力、省时的操作方法，以提高作业效率。在动作分析时，讲究“动作经济与效率”法则（又称动作经济原则）。可列出操作的全部动作，找出必不可少的动作，在依据取消、合并、重排和简化的原则，按人的动作姿势的特性对作业操作动作进行重构。

刀笔与手指接触部分截面形状按照接近于圆形的四边形分析，假如要完成电切，电凝，氩气凝的动作，就有表1-5的分析结果。

表1-5 伸缩滑杆放在刀笔左右侧面的对比

图　例		
按键分布	伸缩滑块放在刀笔右侧	伸缩滑块放在刀笔左侧
操作方式	食指按激发按钮，食指操作伸缩滑块	食指按激发按钮，拇指操作伸缩滑块

续表

动作编号	1	食指按下电切按钮，切割	拇指按下电切按钮，切割
	2	食指切换电凝按钮，电凝	拇指切换电凝按钮，电凝
	3	刀笔逆时针旋转90°	
	4	食指推出氩气喷头	食指推出氩气喷头
	5	食指按下电凝按钮	拇指指按下电凝按钮
	6	刀笔顺时针旋转90°	
	7	食指推拉收缩氩气喷头	食指推拉收缩氩气喷头
动作数量		7	5
优　点			1. 没有多余动作，操作自然 2. 拇指和食指共同操作、承担负荷
缺　点		1. 动作繁琐，不符合“动作经济”原则 2. 整个过程都由食指操作，食指负荷太大	

③ 操作方式分析小结。

无论是整体分析还是动作分析，无论取刀笔前端截面为近似三角形还是接近圆形的四边形，伸缩滑块放在刀笔左侧的布局方式都优于放在右侧的布局方式。这是和原方案最大的不同之处，如图1.21所示。

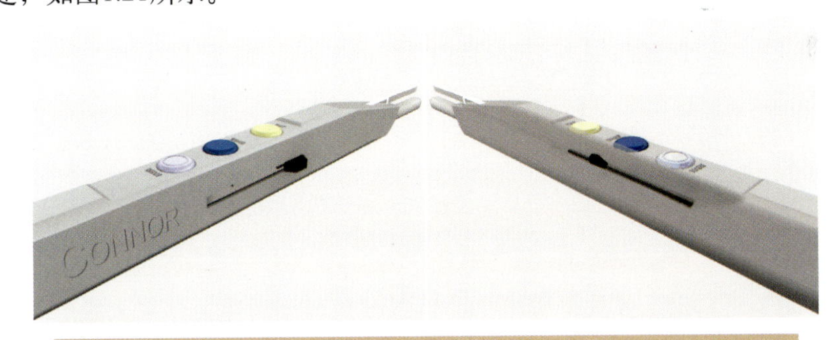

图1.21 伸缩滑块置于刀笔右侧的原方案设计和欲改进方案的示意图

（3）激发按钮和伸缩滑杆的位置关系。

保持刀片的形状和切割运动的视点移动方向平行。关于该点在后续设计过程中具体考虑。

该方案重点解决的问题和存在风险：

① 可以解决的问题。目前市场反馈的信息表明推拉滑杆推不动或者太松，在手术的过程中要用手指顶着滑杆防止喷头缩回，其本质原因是由现有刀笔的推拉卡位结构造成的，目前的卡位结构为两个不锈钢弹片，弹片与刀笔外壳是面接触，如果弹片弹力稍大就会导致和外壳配合过紧而推不动，如果弹片弹力太小其卡位作用又不太明显，甚至失效。因此改为塑料弹片的点接触（类似于圆珠笔的回弹结构），可以保证卡位牢固，而且推拉过程相对轻松。

② 操作问题。当改为用拇指操作伸缩滑杆，解决了旧方案中很大一部分问题，但是并不完美，拇指往前推拉相对容易而往后拨回则相对困难，如果设置成自动回弹按钮可以解决拨回难的问题，而且方便快捷。

③ 手感问题。在常规的拇指操作伸缩滑杆机构中，拇指在某些部位会按在刀笔外壳安装伸缩滑杆的缝隙上，手感稍差。现在改为自动回弹结构后，推拉滑杆的部位后移，拇指根本不会碰到凹槽，如图1.22所示。

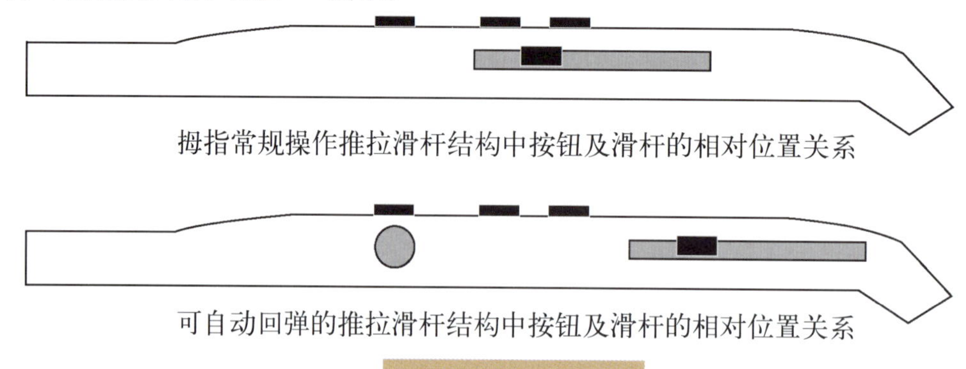

拇指常规操作推拉滑杆结构中按钮及滑杆的相对位置关系
可自动回弹的推拉滑杆结构中按钮及滑杆的相对位置关系

图1.22 相对位置关系

结构示意说明如图1.23所示。

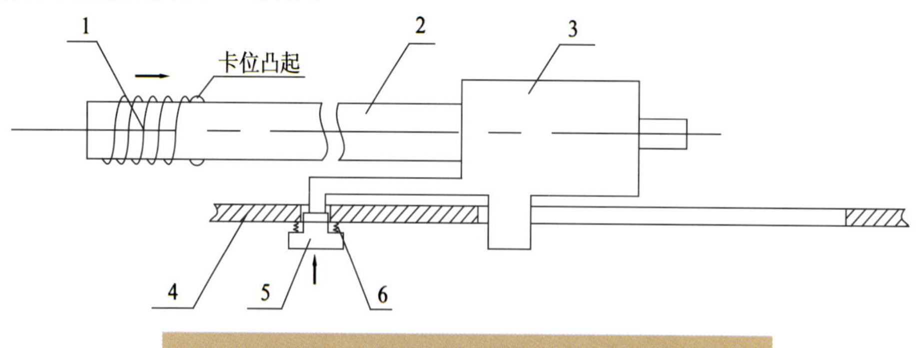

图1.23 可自动回弹式伸缩机构结构示意

1，6—弹簧 2—喷管 3—推拉钮 4—外壳 5—按钮

此结构方案为可自动回弹式伸缩机构。氩气喷头伸出时主要依靠人手的力量推动推拉钮3实现氩气喷头的伸出动作，并进行氩气束凝操作。当氩气束凝功能结束需将氩气喷头缩回时，可直接按下按钮5，喷管在弹簧1的作用力下，实现自动缩回动作。

④ 人性化设计中的情感性考虑。

产品设计中安全性、可靠性、宜人性等功能实用方面的要求尤为重要，是排第一位的。设计是人的设计，即满足人生理和心理的需要或物质和精神的需要。设计的主体是人，设计的使用者和设计者也是人，因此人是设计的中心和尺度。这种尺度既包括生理尺度，又包括心理尺度，而心理尺度的满足是通过设计人性化得以实现的。从这个意义上来说，人性化设计的出现，完全是设计本质要求使然，绝非完全是设计师追逐风格的结果。

医疗器械产品的形态设计的定位应考虑到医生及患者在仪器的使用过程中的心理感受，追求产品设计的情感化，使产品透露出亲和力是医疗器械工业设计的趋势。这类产品的形态表情不能太生硬，更不能让人产生面对刑具的恐惧感，太生硬会造成拒人千里之外的冷漠感。产生这种心理感受的原因是人们头脑中固有的形态符号语义错位。产品形态与病人之间的心理关系——产品的亲和感是指产品的形态给人一种安全的、对人无害的、易于亲近、可以和平相处的心理感受，以利于产品与人沟通。

3）医疗器械外观设计流行趋势分析

（1）医疗器械的市场特点。

① 医疗器械是一种相对公众化的产品。

对“公众化，个人化”一对形容词做了意象尺度分析，得出医疗产品在服装、消费类电子产品、家用电器、办公机械等产品类别中的分布位置，如图1.24所示。由于其面对的是相关科室的医生集体，医疗器械相对于别的产品而言是一种公众化的产品，而非个性化产品，因此，医疗器械的设计相对保守，造型设计非标新立异，反映的应是社会主流审美文化。

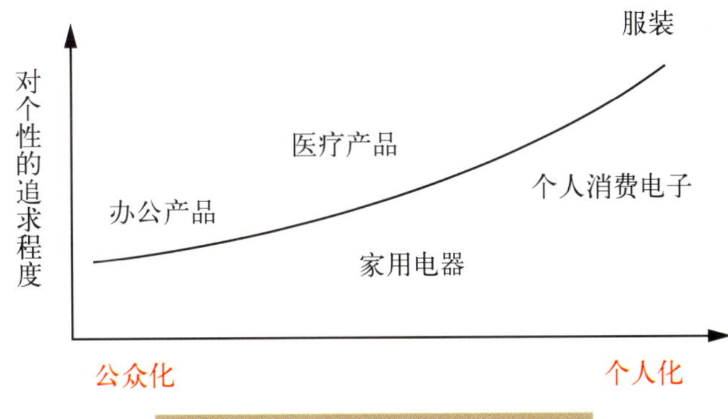

图1.24 几种产品的意象尺度分布

② 医院的特殊环境、医生特殊的社会属性。

一方面，在医院的环境里，考虑到医生和患者特殊的心理状态，会对医疗产品有专门要求，一些过分鲜艳的色彩和过分激烈的形态是不允许出现的，所以医疗器械只能有选择性地接受时尚审美文化因素。高技术派追求的超薄机身、冷冰冰的金属质感、耀眼的炫光等显然是不合适的（制约审美因素向流行主题的转化的市场因素）。

另一方面，“救死扶伤”是医生的社会责任和职业道德，医疗产品是他们履行职责的工具，在产品形态上应该反映出对“生命之美”的追求（形成特色主题的市场因素）。

（2）医疗器械的流行趋势主题及设计元素。

① 流行主题：生命力。

在当今变化的社会大环境中，人们的文化审美情趣观念发生了很大的变化，严肃、呆板静止的程式被抛弃，而代之以轻松、自由、丰富、具有活力和生命力的形式。为了摆脱医院沉闷压抑的气氛，为了减轻医生在“救死扶伤”的社会责任下的沉重压力，为了增加医生和病人“共同追求美好人生”的希望，有生命力的艺术形式在医院这样的环境里显得更加重要。

审美心理学告诉我们，人们可以通过联想和想象，感受到形态是否呈现出具有生命活力的样式。人们在长期生活中向大自然吸取了大量具有生命力的精神财富，大脑中积累了许多具有生命形态的符号。当我们问，什么是生命？什么是生命的样式？人们自然会再现头脑中的符号，联想到自然界具有生命形式的东西，比如植物、花蕾、叶芽、果实、贝壳、鱼类、海底生物，等等；进而可以从这些生命形式中提取出形形色色具有生命知觉的基础感觉：如生长感、膨胀感、扩胀感、孕育感、组合感、一体感、方向感、分裂感、反弹感、舒展感、扭曲感、抵抗感……

②流行元素。

在形态上，波纹面简洁、有张力的大弧面。

纵观近十几年来医疗产品形态的流行变化（表1-6），从几何体到有机体、有机结合体，从平整的直线平面小弧线过渡到大弧线曲面，再发展到今天的波纹线、二维波纹面、三维波纹面。可以说从静态到动态的发展是新时代的产品特征，也是文化特征。

波纹线、波纹面作为当代艺术特征，不但符合主流审美文化的大趋势，同时以其优美、充满生机的特点紧扣“生命力”这样的流行主题，在今后相当长的一段时间内还会作为流行元素持续发展下去。

表1-6　医疗产品形态演变

分　类	图　例	大约年代
几何形	 	1980或以前
直线平面小弧线过渡	 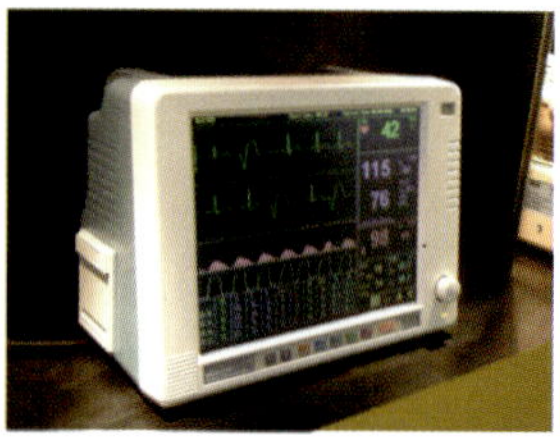	1980—1990
大弧线曲面	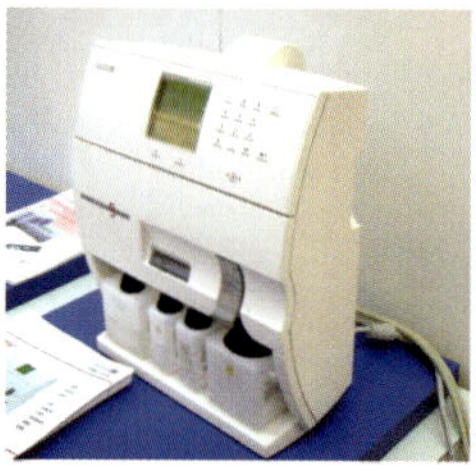 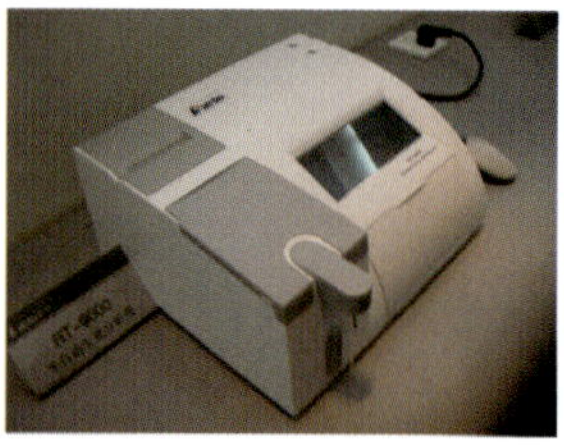	1990—2000
波纹线	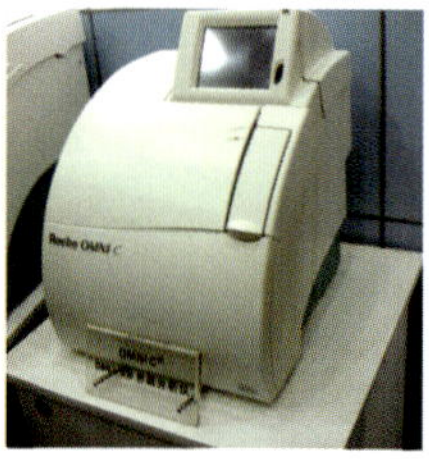 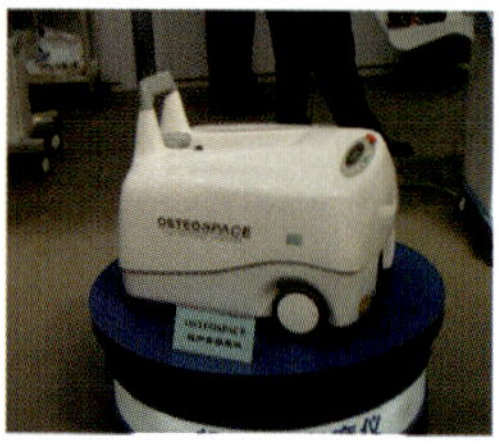	近几年

图1.25所示为同一生产厂家的不同时代的监护仪产品，其最大的改变就是后期的产品采用了波纹元素，有机形态稍微好些，符合了时代潮流。

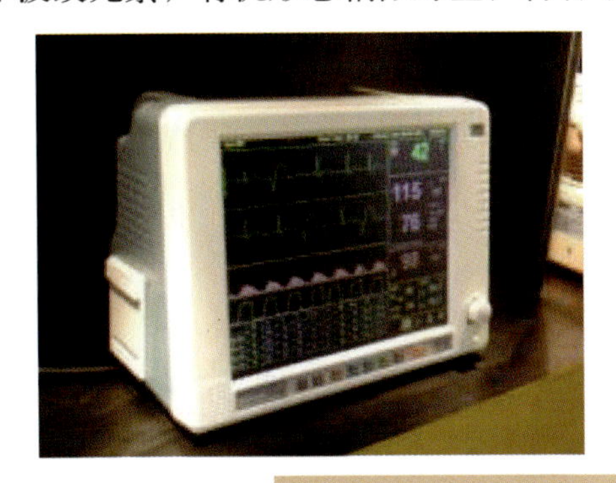

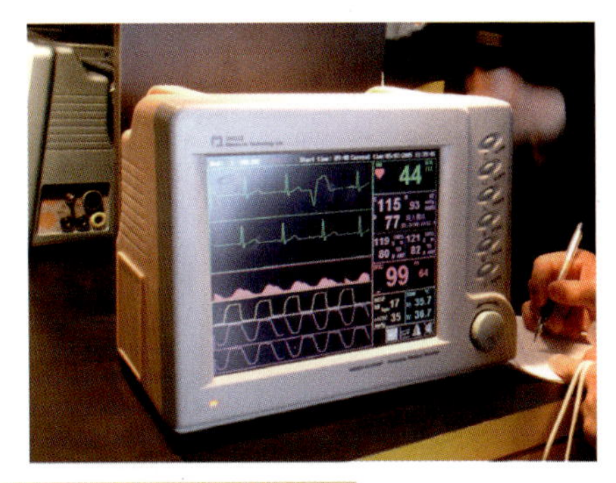

图1.25　相同厂家的不同年代的系列产品的差异

在色彩方面，色彩设计根据器械本身的性质和企业文化而定，以白色为主，辅以局部彩色点缀（通过丝印标志，屏幕色彩体现）的形式居多，借此体现生命的活力。

在材料方面，所有的形态都不能脱离材料而独立存在，出于人性化的考虑，不管是钣金件、塑料件还是压铸件，其外观处理都倾向于塑料质感，以摆脱冰冷呆板的感觉。

6．设计第二阶段：概念设计阶段

通过以上问题的提出，进行相应的概念改良设计。用马克笔或水粉等形式绘制大量的草图方案，提出不同的设计思路。草图期间邀请其他相关部门人员，针对完成的草图进行可行性的讨论，其中包括对成本方面、结构可行性、工艺可行性等方面展开讨论，提出改进意见。研发部与各部门沟通流程如图1.26所示。

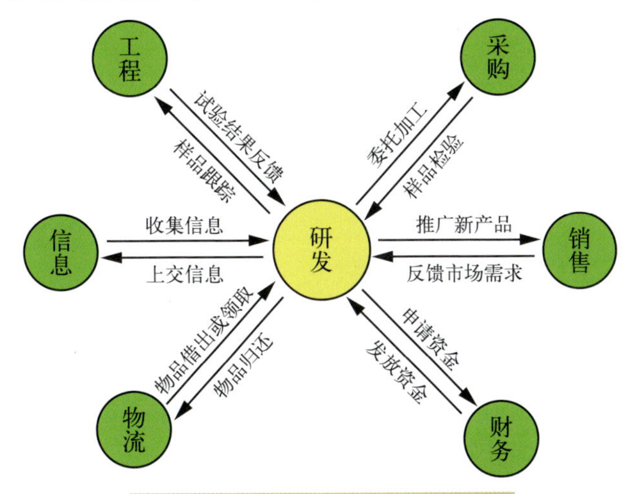

图1.26　研发部与各部门沟通流程

1）电刀刀笔草图概念设计

单级电刀具有4种功能：纯切割；带凝血切割；小面积凝血和发散性大面积凝血切割。它不仅在手术中提供理想的切割效果，也满足了当前电刀手术中对各种电刀电极头的需求。在设计中着重考虑医生在使用电刀时，手的操作以及正确手握姿势的设计，如图1.27所示。

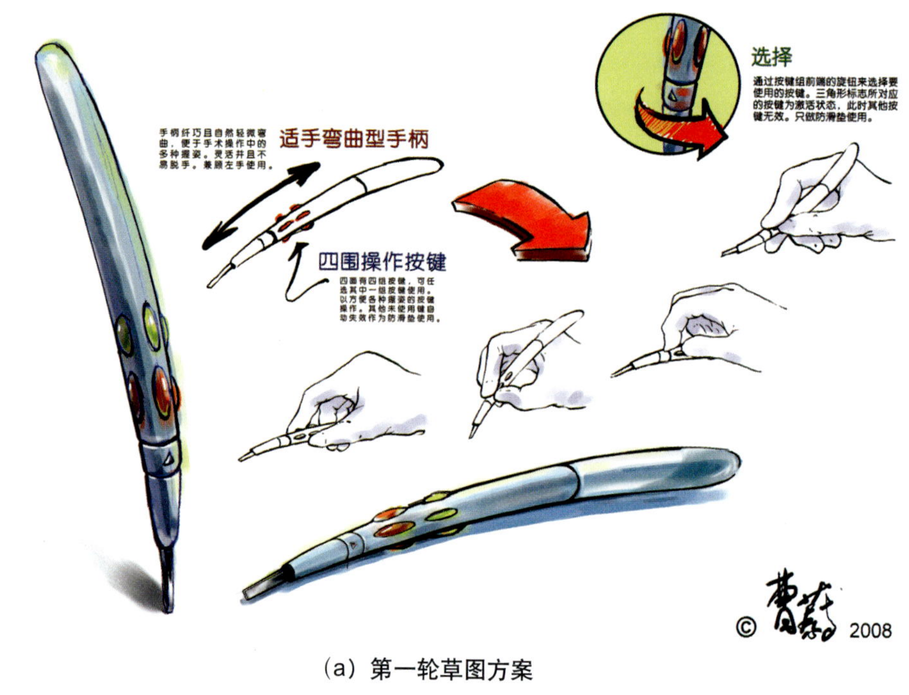

（a）第一轮草图方案

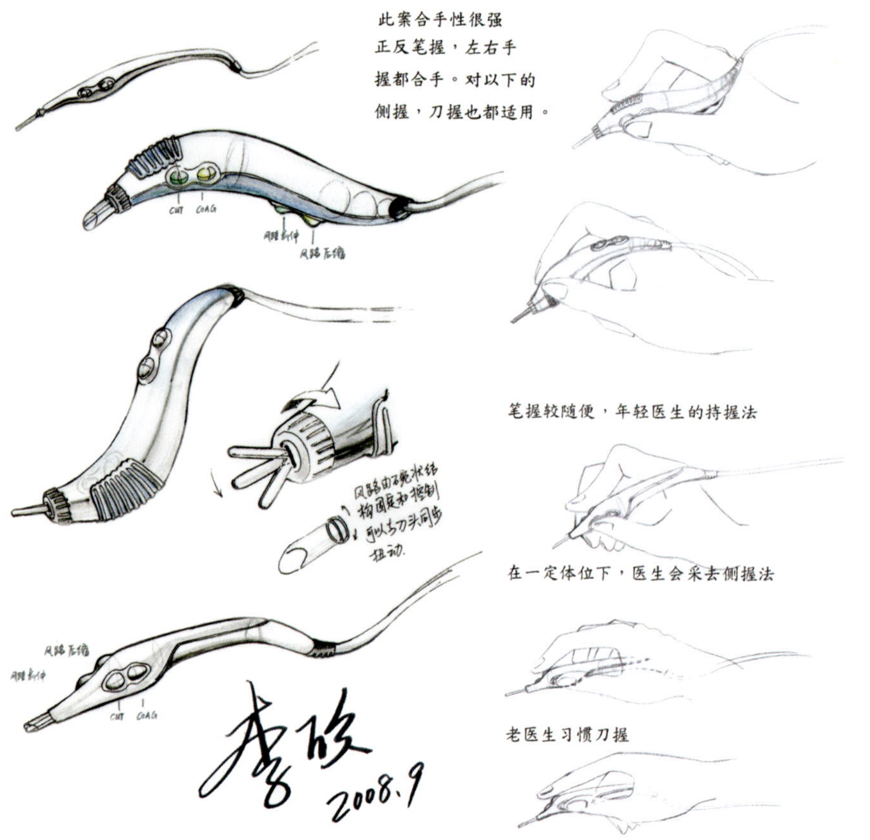

（b）第二轮草图方案

图1.27 多功能适手型电子手术刀四轮的草图方案

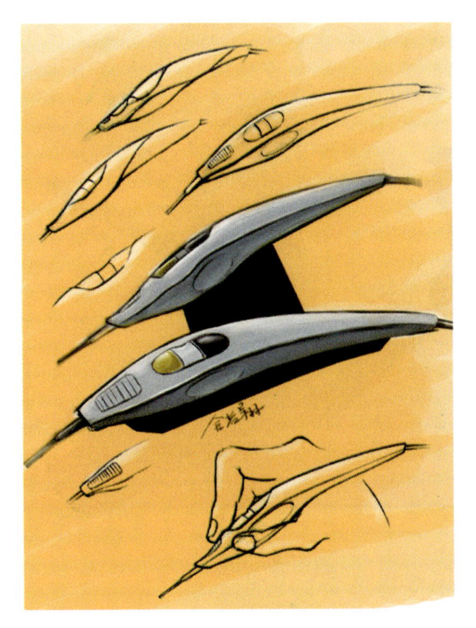

(c) 第三轮草图方案

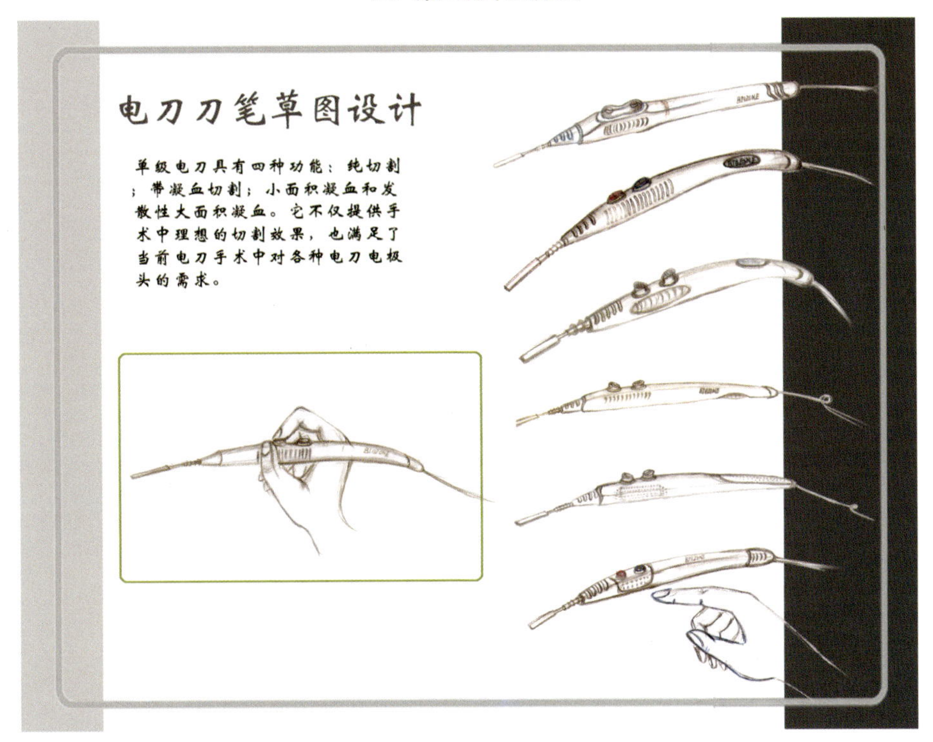

(d) 第四轮草图方案

图1.27 (续)

2）三用氩气刀笔草图概念设计

三用氩气刀笔具有三种功能：切割、凝血、氩气三种功能。刀笔设计更人性，更适合手执。从安全和使用过程考虑，提供保护盒与清洁片，方便放置和刀头清洁。同时有各种形状，多样规格手柄与刀头可选择。氩气刀笔种类更丰富，如图1.28所示。

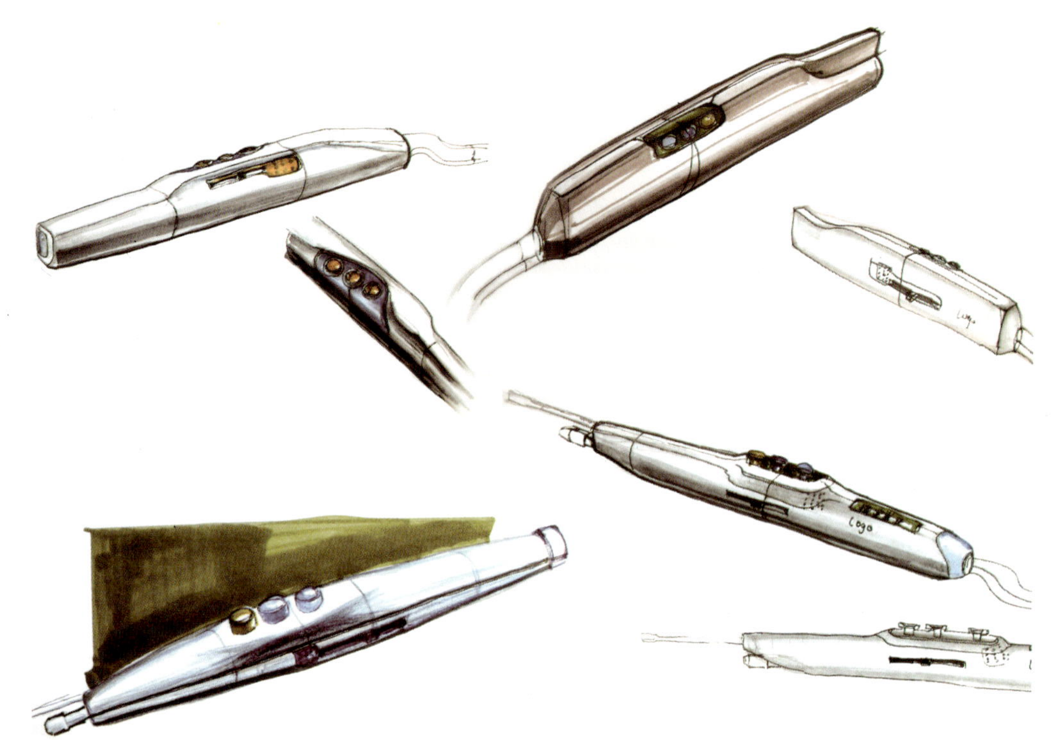

(a) 氩气刀笔草图方案一

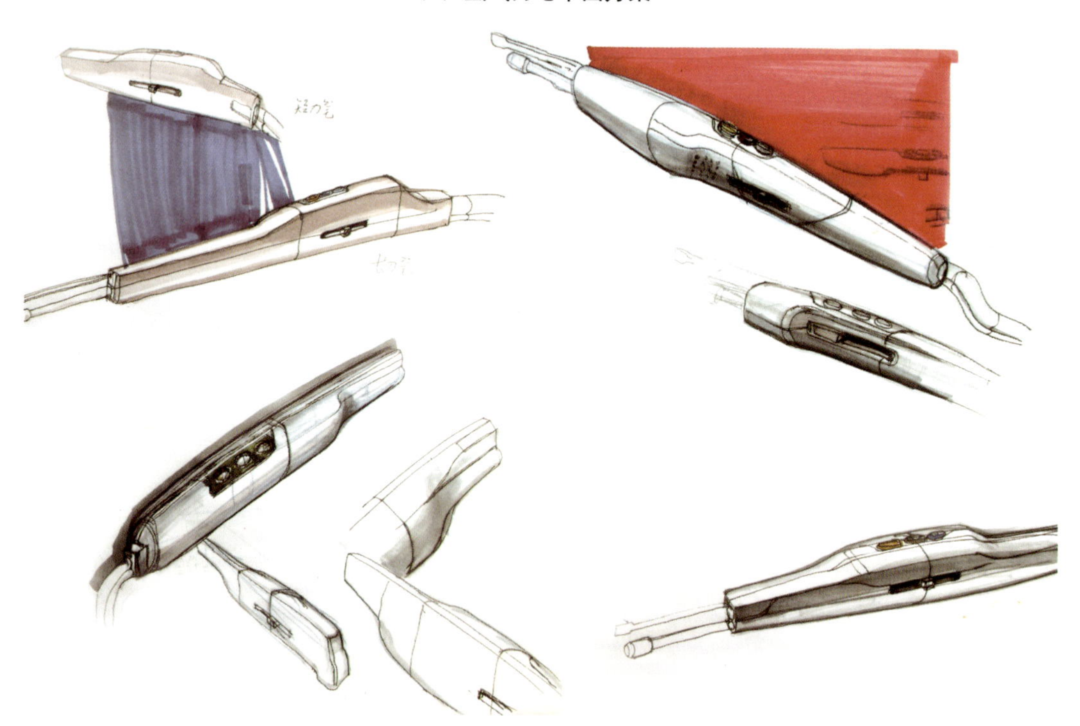

(b) 氩气刀笔草图方案二

图1.28　三用氩气刀笔草图方案

(c) 氩气刀笔草图方案三

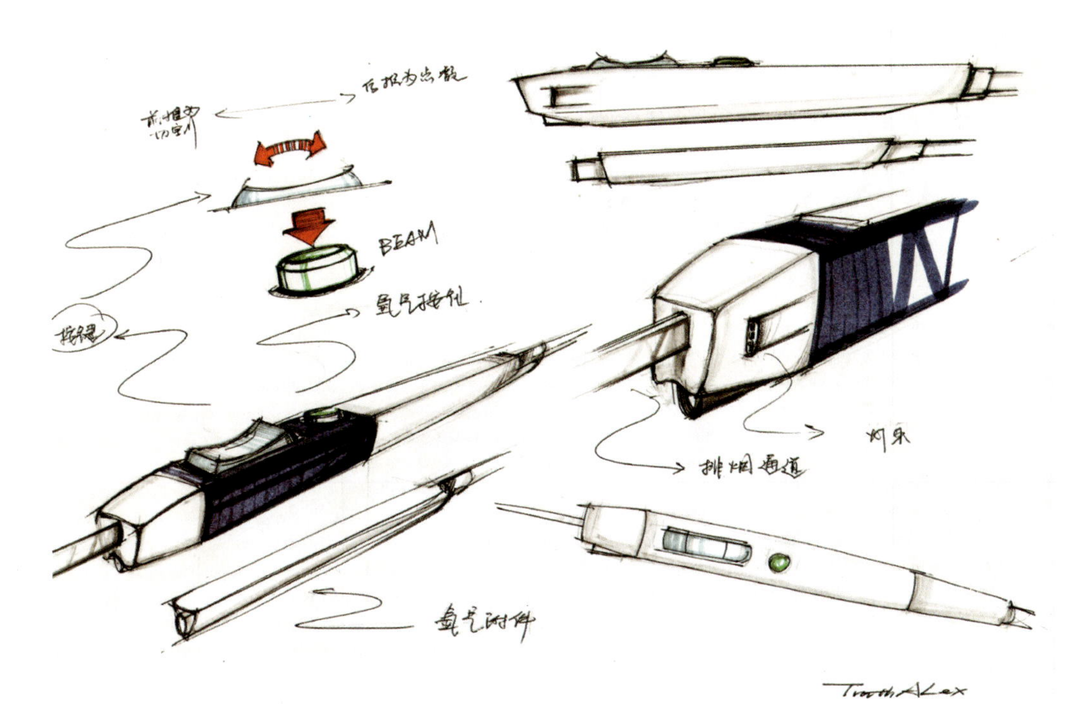

(d) 氩气刀笔草图方案四

图1.28 (续)

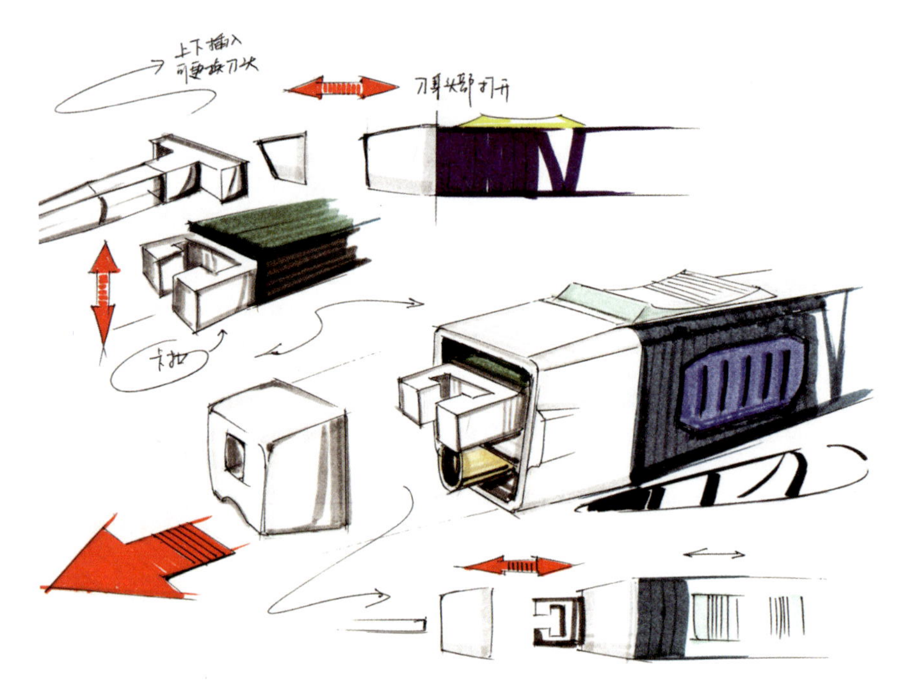

(e) 氩气刀笔草图方案五

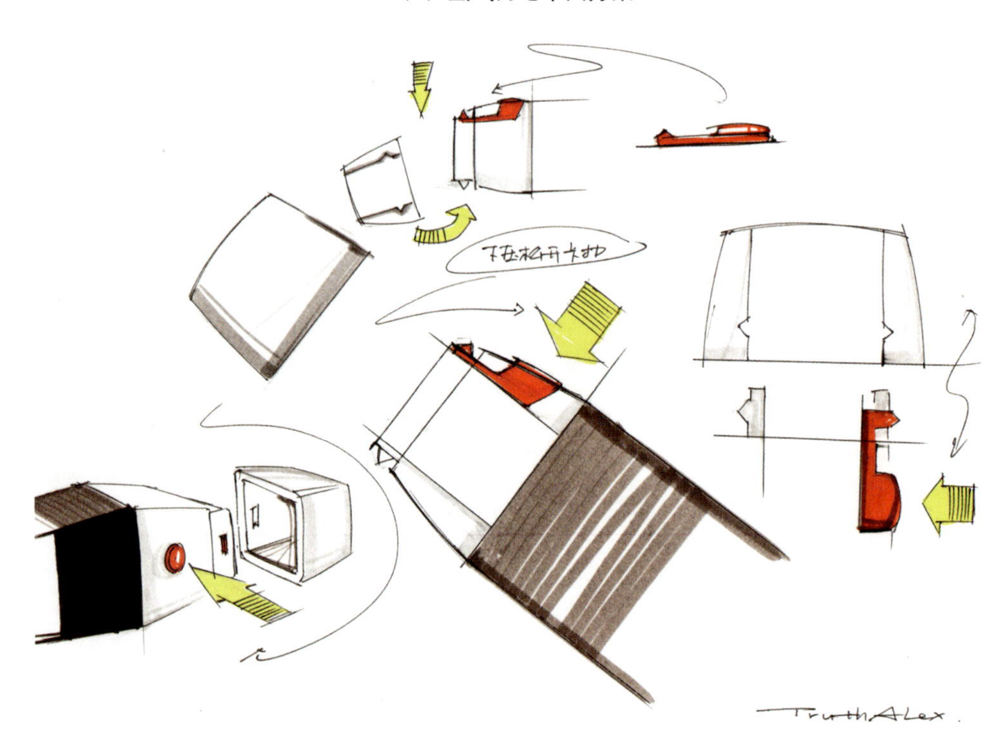

(f) 氩气刀笔草图方案六

图1.28 (续)

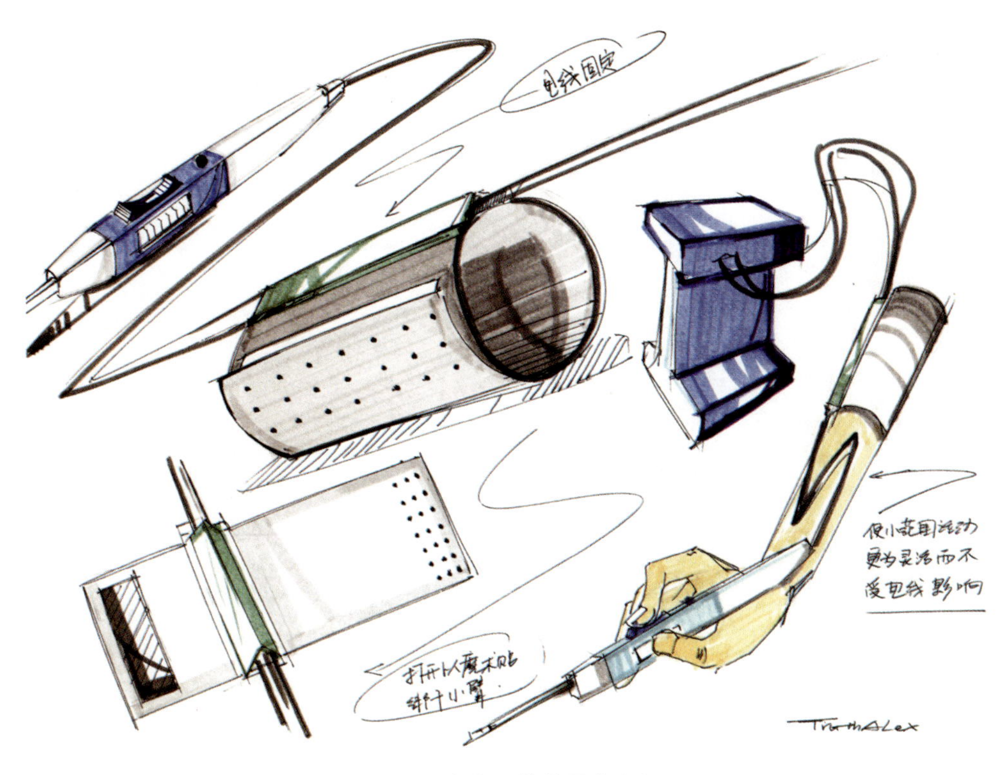

（g）氩气刀笔草图方案七

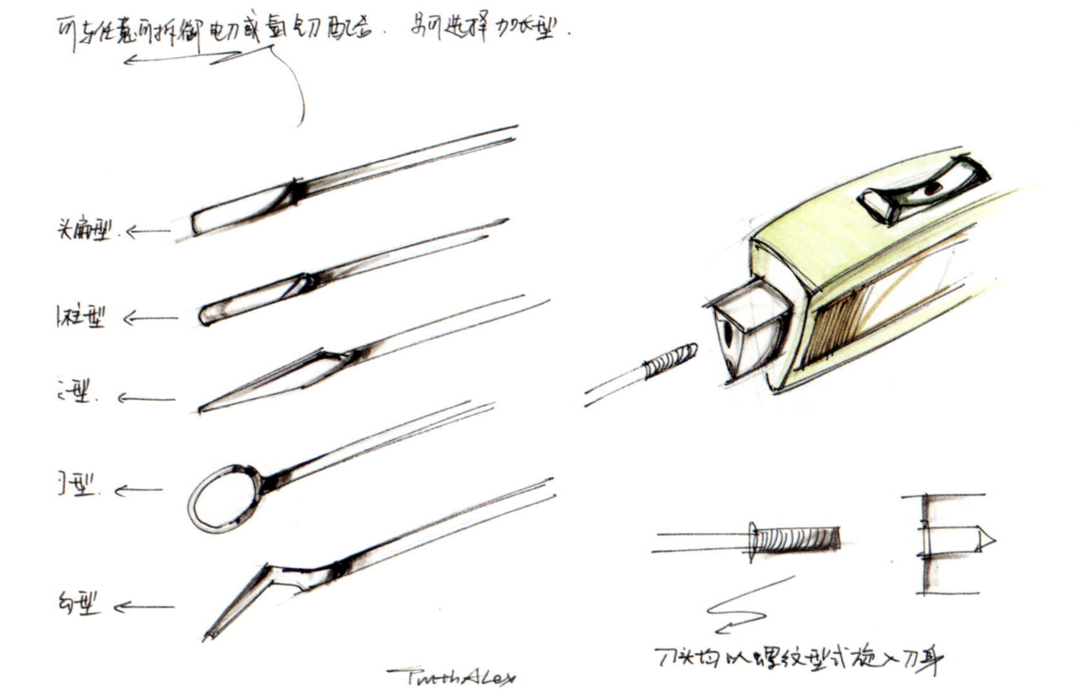

（h）氩气刀笔草图方案八

图1.28 （续）

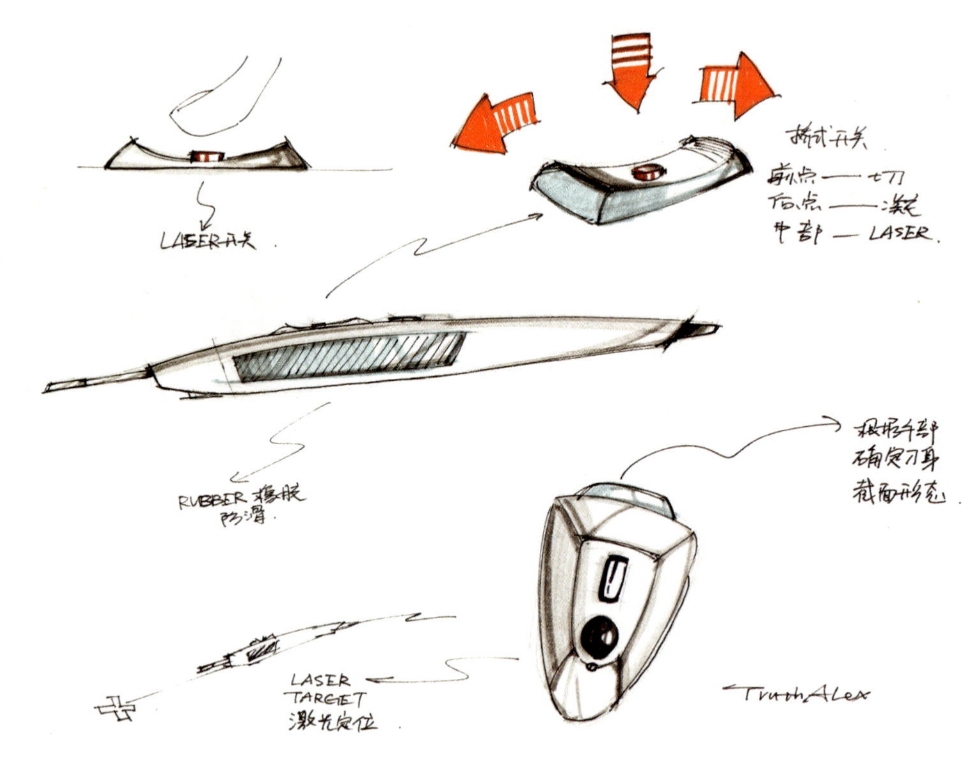

(i) 氩气刀笔草图方案九

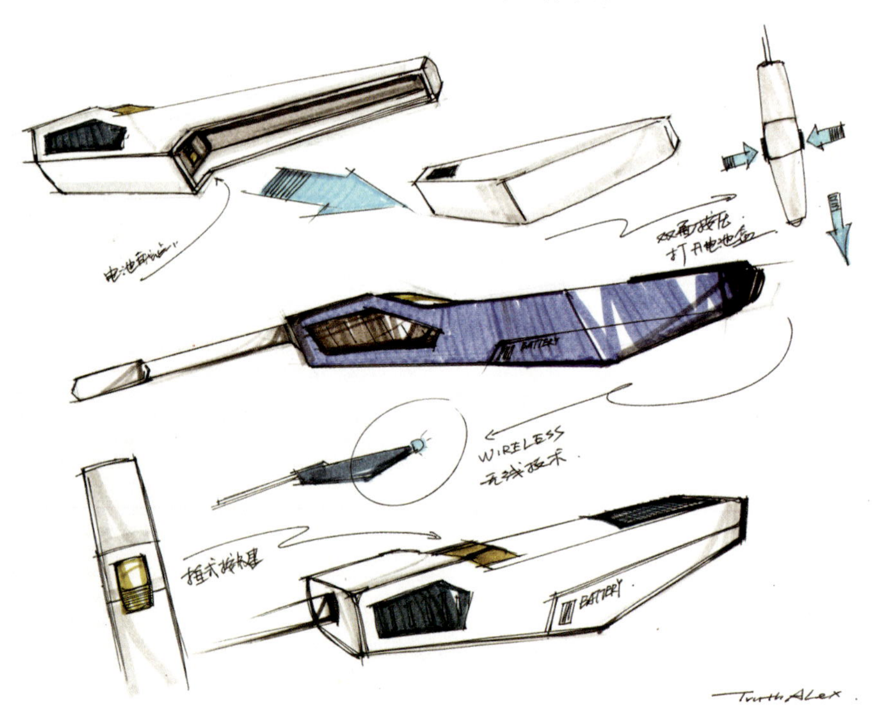

(j) 氩气刀笔草图方案十

图1.28 (续)

7．效果图表现阶段

1）电刀刀笔效果图（见图1.29）

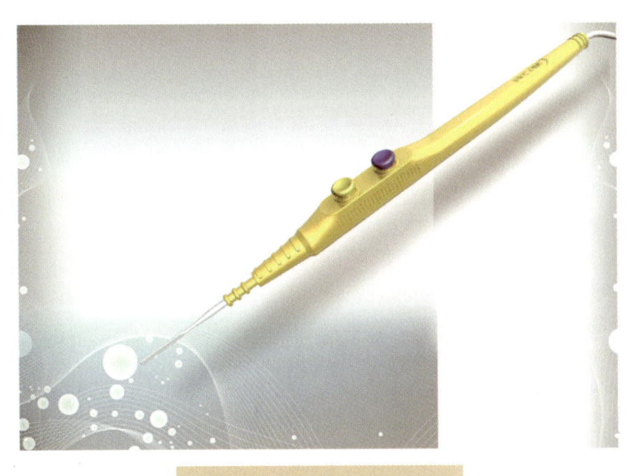

图1.29　电刀刀笔效果

2）氩气刀刀笔效果图（见图1.30）

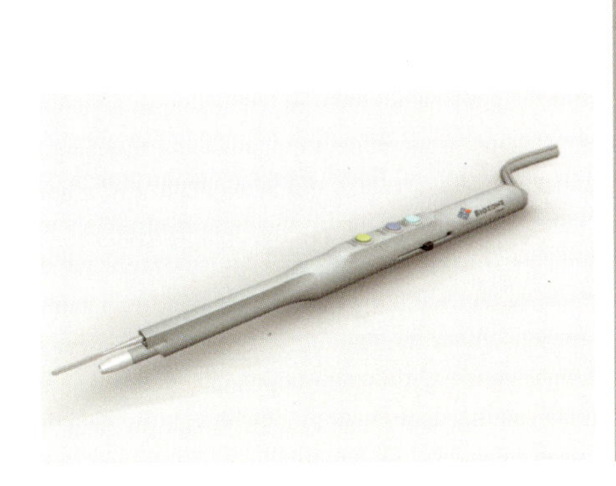

（a）方案一

方案一设计说明

截面形状		获得好的抓握手感
操作方式	拇指常规操作	操作相对灵活
结构可行性		
创新性		
尚存在的问题	抓握手感、和操作都还有一定缺陷	

（b）方案一设计说明

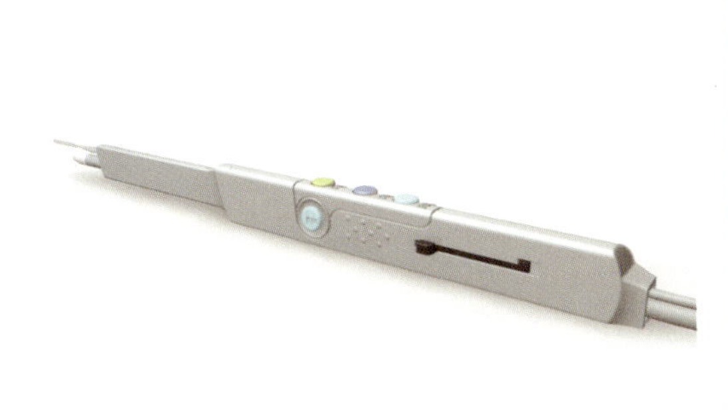

（c）方案二

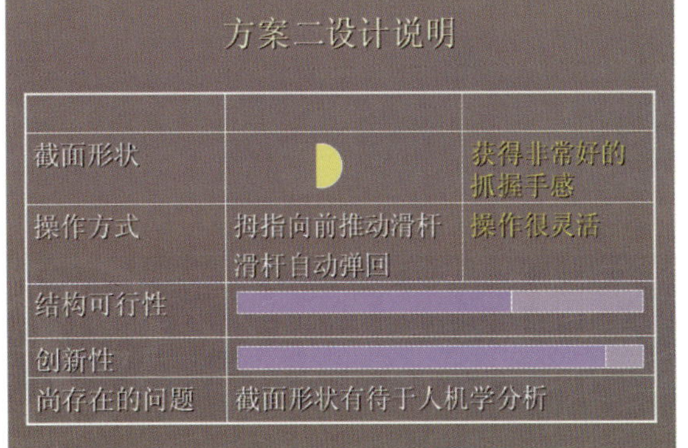

方案二设计说明

截面形状		获得非常好的抓握手感
操作方式	拇指向前推动滑杆 滑杆自动弹回	操作很灵活
结构可行性		
创新性		
尚存在的问题	截面形状有待于人机学分析	

（d）方案二设计说明

图1.30　氩气刀刀笔三个方案的效果图

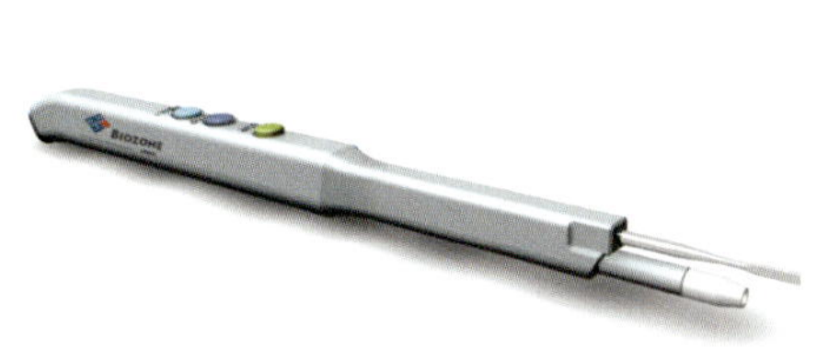
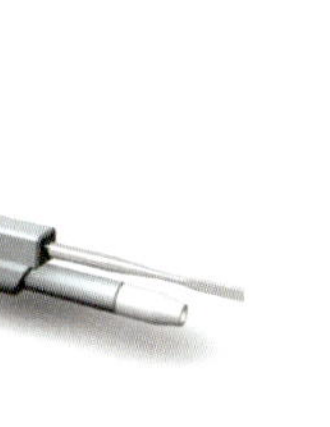

(e) 方案三

方案三设计说明

截面形状		获得好的抓握手感
操作方式	拇指常规操作	操作相对灵活
结构可行性		
创新性		
尚存在的问题	抓握手感、和操作都还有一定缺陷	

(f) 方案三设计说明

图1.30 (续)

8．设计第四阶段：方案评审阶段

以上三个方案根据项目的重要性进行相应级别的项目评审，最终选出一个模型进行后面的手板制作。其实项目进行中的每个环节都应通过项目评审予以控制和指导，以免发生不必要的错误，造成损失。项目评审共分为四个级别，分别是公司级会议评审、系统级会议评审、技术系统会议评审和研发部内部评审。

每个级别评审的使用范围如下：公司级会议评审适用于非常重大的项目，或项目进行的关键阶段，或重大项目的结束阶段等；系统级会议评审适用于较重大项目，或项目具有阶段性成果，需要各系统提供建设性意见等；技术系统会议评审适用于项目成果较专业且与技术方面有关或需要从技术层面上给出合理意见等；研发部内部评审适用于较小项目或项目过程中存在的一部分改进设计或项目的初步方案确定等情况。

项目进行过程中，按照项目进行的流程和进行到的阶段确定项目评审的级别，并按照相应的评审流程进行项目评审。下面分四个方面分别阐述。

方案评审流程：

(1) 由研发部经理或临时负责人约请相关与会人员，并确定与会人数。

(2) 会议开始前，布置会场。

(3) 布置好会场后待评审项目成果，按照与会人数准备足够数量的椅子并按照级别次序摆放好席位夹以方便与会人员就座。

(4) 所有与会人员入场，主持人宣布评审会开始，并简要介绍会议的目的。

(5) 由待评审项目负责人对项目进行整体描述，10～15分钟。

(6) 总经理或副总经理对项目进行总体评价，10分钟左右。

(7) 按照级别顺序，分别阐述对项目的意见和建议，每人5分钟左右。

(8) 自由发言。30分钟左右。主要利用头脑风暴法，充分发挥每个人的想象力，提出尽可能多的意见和建议。

(9) 总结性发言。由会议记录人按照记录情况，从研发、工程、采购、销售等各专业角度宣读相应的意见和建议，并由各部门负责人签字。

(10) 与会人员离场，研发部人员继续留在会议室。

(11) 研发部开会对评审会上提出的各种意见和建议进行合理性分析。

(12) 项目负责人按照修改意见的要求进行改进设计，并提出修改方案或结果，填写修改结果确认单，并找相应部门负责人签字。

注：会议全程由指定的研发部人员负责记录（附修改意见表）。

9．设计第五阶段：数字模型建模阶段

方案选择经过投票选出一款，完成Mock-up的三维数字化建模工作，将数字化设计技术与工具引入产品的设计，采用PRO/ENGINEER作为数字化设计工具，实现了由概念设计、原型设计到数字化样机设计的系统一体化，如图1.31所示。

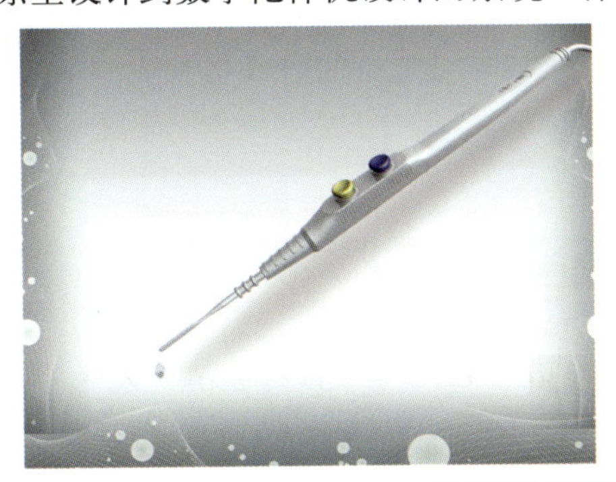

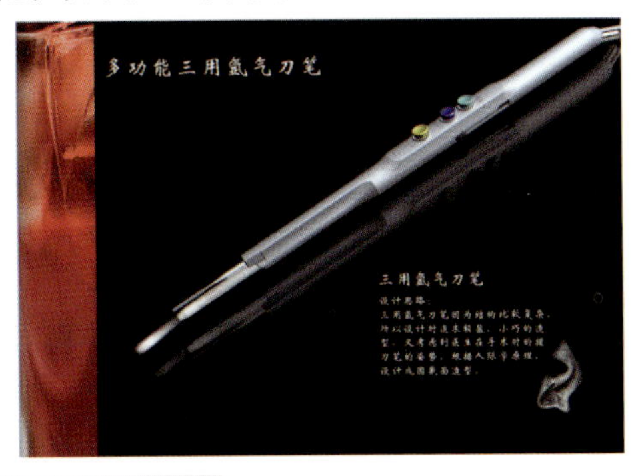

图1.31　数字化建模表现图

10．设计第六阶段：结构设计阶段

采用PRO/ENGINEER软件对产品进行结构分析、强度分析、外形分析等。对其不合理的部分进行改进，达到优化设计的目的，如图1.32所示。

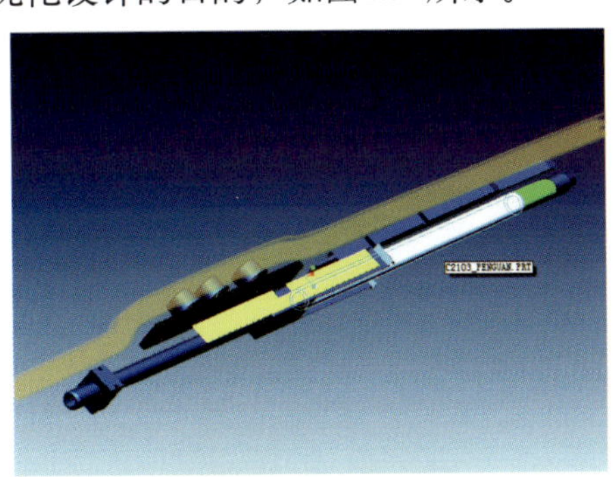

图1.32　结构设计

11．设计第七阶段：结构手板制作阶段

一般在外观确定后进行结构手板的制作或者先拟定产品功能并用纯粹的结构件实现其功能，再根据其主要部件进行外观设计并制作完整的手板。可以直接制作符合外观设计意图的结构手板，也可以只做纯功能性的结构手板。因为结构手板需要用来做性能试验和验证产品结构与功能，因此结构手板是不能缩放制作的。同时，其需要考虑各方面的条件，包括产品的材料、强度、结构，如果是电器产品则要考虑其电气性能。除了最基本的功能测试，还要对其成本，使用寿命，各种环境性能进行考察评估，以确定开发程序、装配工艺以及开发周期。因此，结构手板实际上可以看做某个产品的最初级版本。结构手板之后，结构设计师与各级部门会议研讨，微调外观设计和结构设计。进行验证之后，开始后续的模具设计，流程如图1.33所示。手板最终效果如图1.34所示。

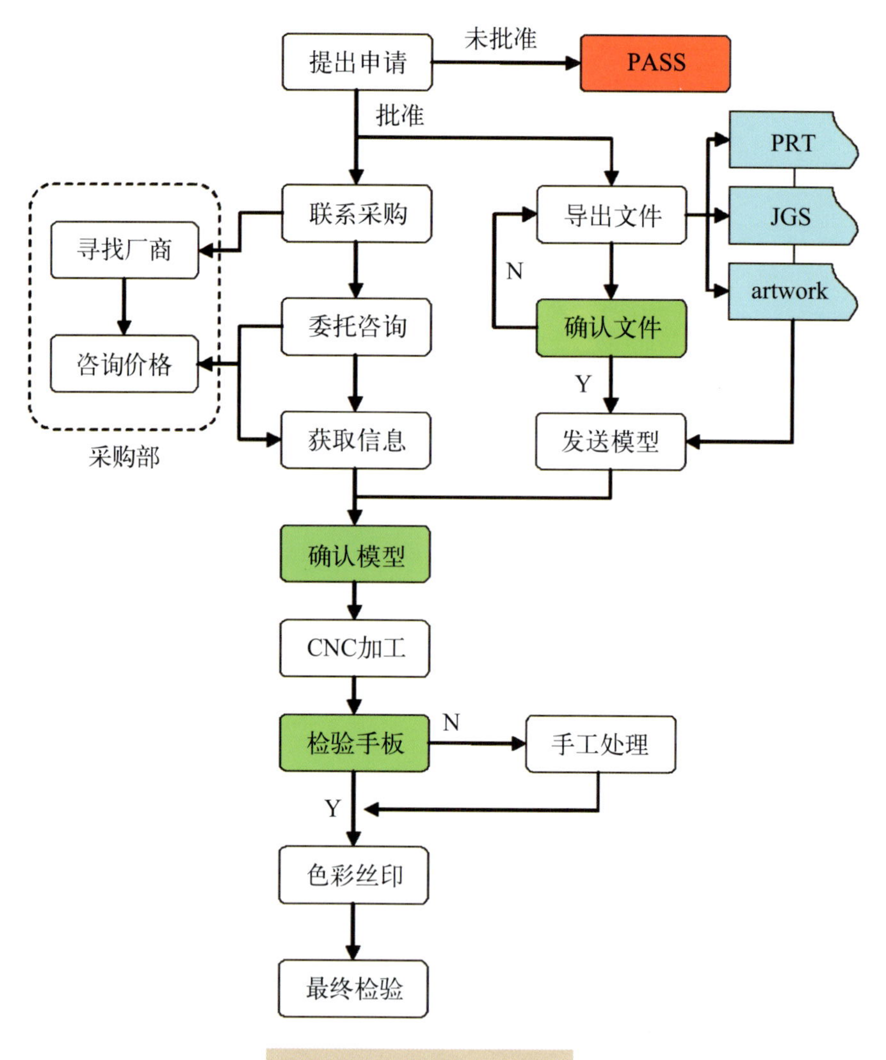

图1.33 结构手板制作流程

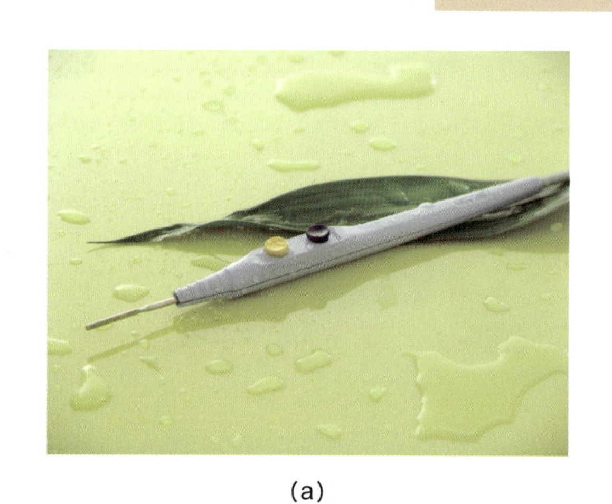

(a)

(b)

图1.34 手板最终效果

第2章 工具与材料

学习目标：通过本章节的学习，着重了解在工业设计中进行产品设计快速表现常用的工具和材料，熟悉常用的各类手绘表现工具的表现特点，熟悉电脑手写板的表现特点，为进一步学好产品设计表现做准备。

学习要求：要求学生熟悉手绘工具，同时感觉它们的技法特点。查阅国内外效果图，分析比较各种工具的使用特点及画法特点。特别是掌握马克笔应用及画法特点、彩色铅笔应用及画法特点、签字笔应用及画法特点、常用的数位板及其表现特点。

“工欲善其事，必先利其器。”——《论语·魏灵公》

学习产品设计表现技法的首要任务是要对表现工具进行了解和熟悉。现代产品设计的表现技法随着社会的发展也在不断地丰富和变化。就目前设计行业中比较通行的设计表现方式主要分为传统的纸笔类手绘表现和结合电脑的手写板手绘表现。

2.1 纸笔类工具的应用及画法特点

纸笔类的产品设计表现主要是运用各种笔在相应的纸张上进行效果表现。按主要运用的表现工具可以分为马克笔表现、彩色铅笔表现和签字笔表现等。表现的纸张一般选用质地较好的复印纸，也可以选用硫酸纸、色卡等纸张，但就方便实用还是首推复印纸，如图2.1所示。

图2.1 手绘表现常用工具

2.1.1 马克笔应用及画法特点

马克笔应用及画法特点如图2.2、图2.3、图2.4和图2.5所示。马克笔因其表现力强，使用方便，在建筑设计、服装设计、室内设计、工业设计等各类设计表现中都得到了广泛运用。

常见的马克笔按溶剂类型主要分为水性马克笔和油性马克笔。目前市面上最常见的水性马克笔主要为产于日本的“MARVY”，价格较为便宜，容易上手，但是部分颜色笔触较为明显，重叠笔触过多会显得画面脏乱，影响画面的表现效果。油性马克笔的溶剂主要有苯和醇，甲苯溶济制成的马克笔有浓厚刺激性气味，而且对人体健康有害，现在基本已经被淘汰；醇性溶济制成的马克笔打开有酒精味道，这类马克笔主要有产于日本的“COPIC”、产于韩国的“TOUCH”和产于美国的“SANFORD”，双头笔杆，有粗细两个笔头，使用方便，色彩丰富，其中“COPIC”价格较贵，不如“TOUCH”和“SANFORD”实惠。

运用马克笔进行设计表现，首先需用单线笔（如钢笔、针管笔、签字笔）把骨线勾勒出来，骨线的勾画讲究线条流畅、透视准确，运笔时手要放得开，不要拘谨，允许出现错误，误笔的线条可以通过马克笔覆盖。马克笔的用笔同样讲究流畅，忌反复涂抹，要敢于下笔，放手去画。否则，画面会显得局促，没有张力。

色彩表现力强是马克笔的重要特点。马克笔既可以有效地还原现实场景的色彩元素，又可以运用夸张的色彩，突出主题，增强画面的冲击力。在表现产品时，一般遵循由浅入深的顺序。如果一开始用色较重，则后面修改起来较为困难。另外，颜色不要重叠太多，过多的重叠会使画面显得脏乱。

画面中的高光部分表现可以采用修改液，也可以采用水彩画中留白的方式。留白的方式对于初学者较难，这需要不断地练习和平时对产品细节细心观察的积累。

图2.2 马克笔笔头及笔触

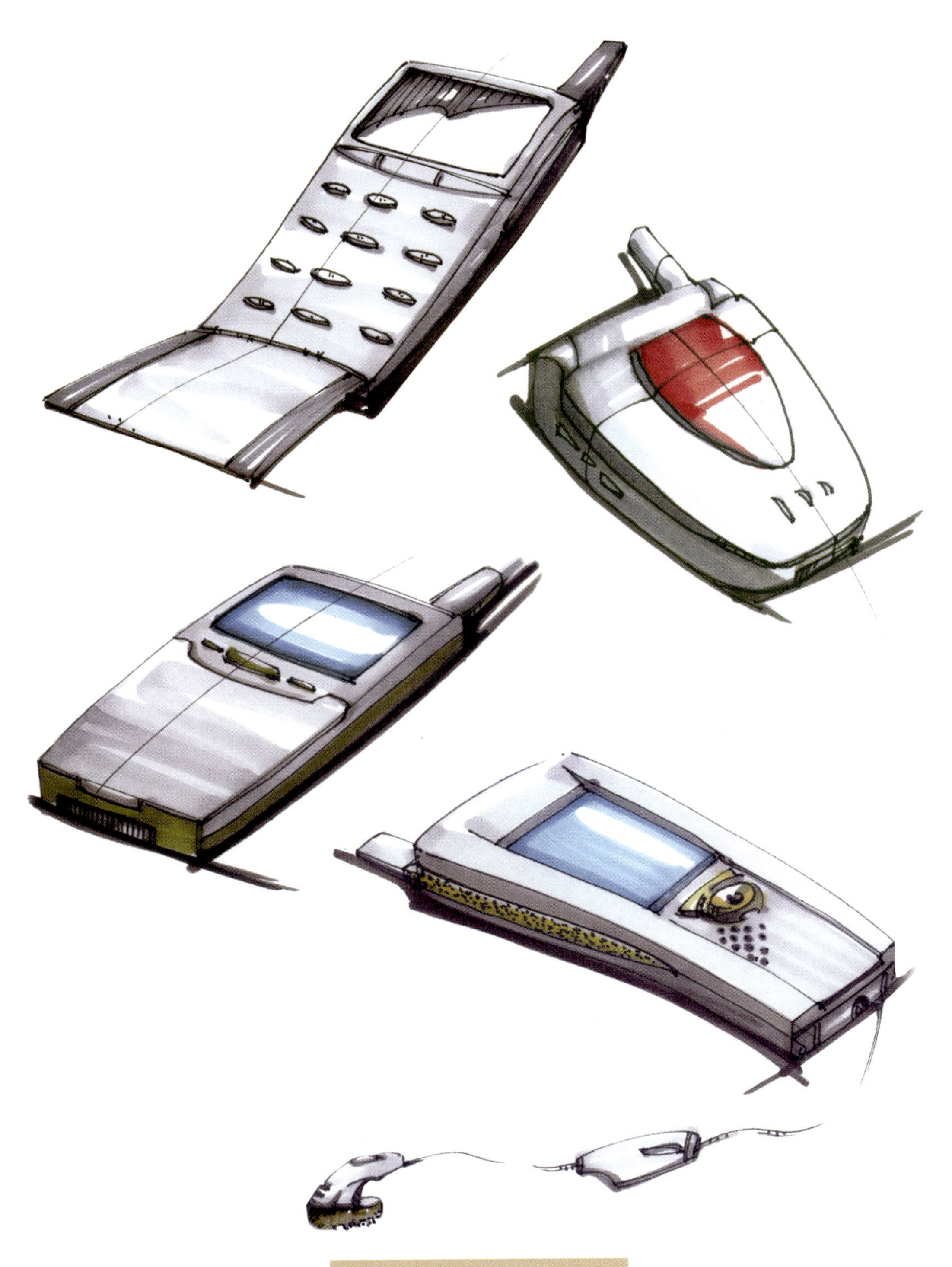

图2.3 马克笔产品表现（一）
（作者：黄晶）

图2.4　马克笔产品表现（二）
（作者：黄晶）

图2.5　马克笔汽车表现
（作者：黄晶）

2.1.2 彩色铅笔应用及画法特点

彩色铅笔应用及画法如图2.6、图2.7和图2.8所示。彩色铅笔按铅芯的类型通常分为两类：一类是蜡质的铅芯，较软，不易表现笔触效果，幼儿学画时常使用，价格便宜；另一类是粉质的铅芯，较脆，溶于水，表现力强，通常称做“水溶性彩铅”，价格较贵，常见的品牌有产于德国的“辉柏嘉”。水溶性彩铅作为设计表现的常用工具之一有以下特色：

（1）易于掌握。造型基础能力通常是从素描练起的，通过素描的训练，对铅笔的运用有了一定的基础。彩铅同属于铅笔一类，因此，在一定素描能力基础上掌握彩铅的表现并非难事。

（2）表现形式多样。彩铅既可以像画光影素描一样上调子表现，也可以像结构素描一样进行结构表现，同时，水溶性彩铅还可以通过毛笔晕染出水彩效果。

（3）色彩丰富。彩铅在设计表现上的运用重点在于色彩和肌理。常见的水溶性彩铅通常分为12色、24色、36色，运用彩铅可以表现丰富的色彩效果和肌理特色。

另外，在使用彩铅时除了美工刀、可塑橡皮外还应该准备一块细砂纸，用于打磨铅笔头，并可以随时根据表现需要改变铅笔头的形状，丰富表现手段。

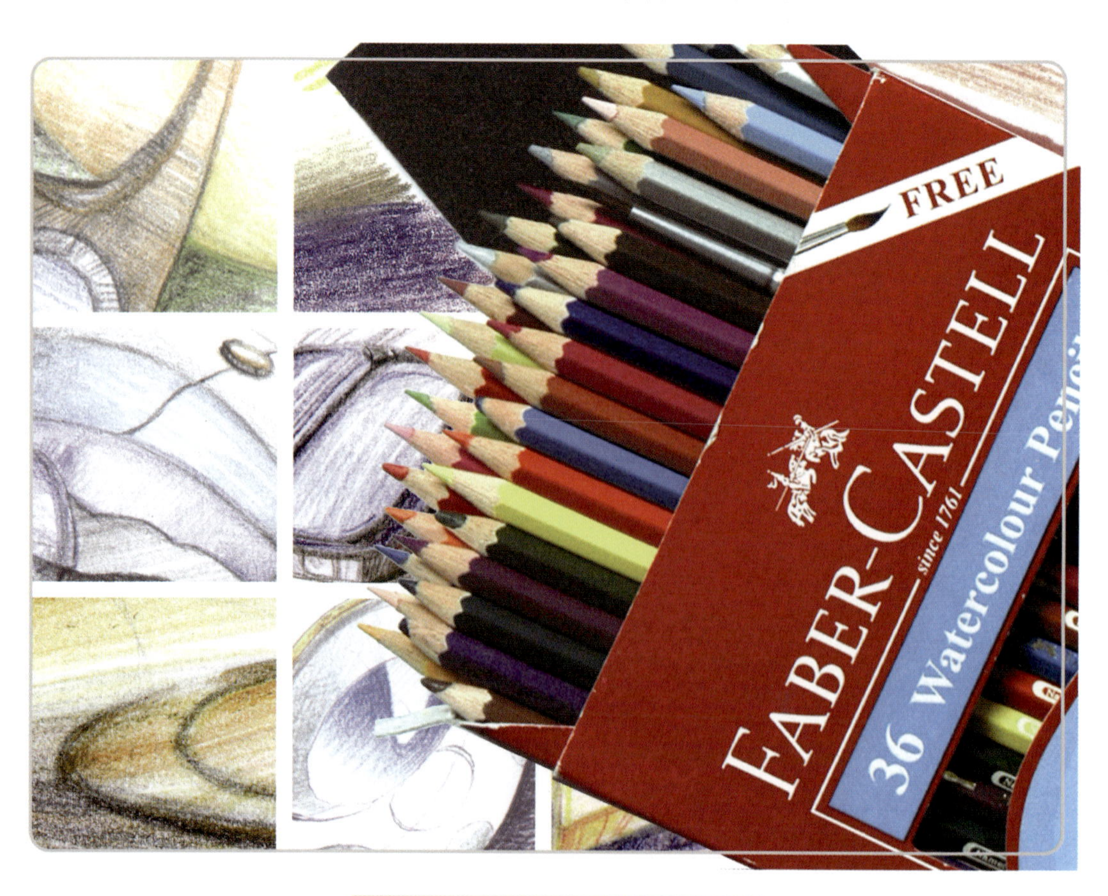

图2.6 “辉柏嘉”彩铅及其笔触效果

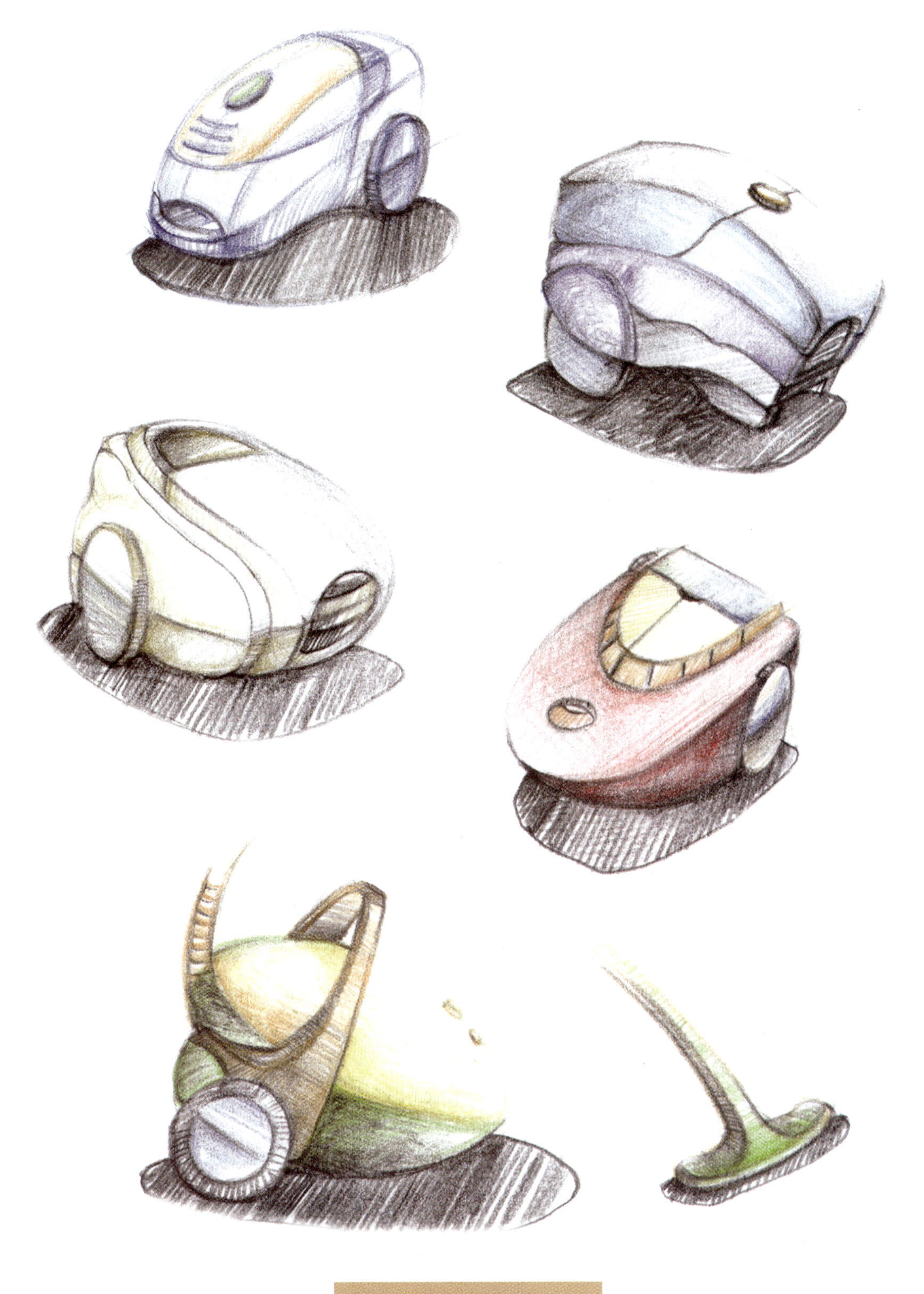

图2.7 彩铅产品表现（一）
（作者：黄晶）

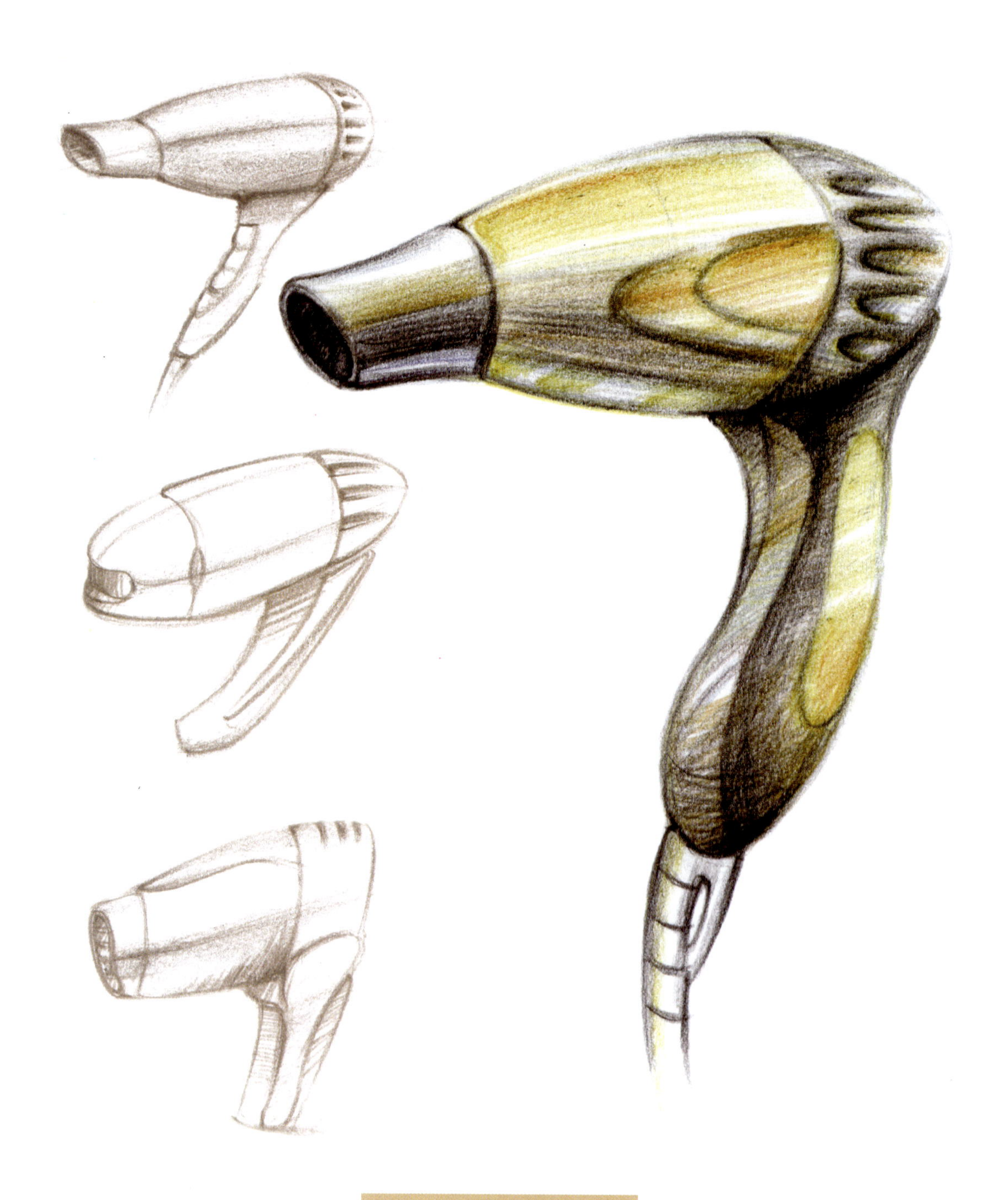

图2.8 彩铅产品表现（二）
（作者：黄晶）

2.1.3 签字笔应用及画法特点

签字笔应用及画法特点如图2.9、图2.10、图2.11、图2.12所示。签字笔是日常常用的书写工具，其作为设计表现工具的最大特色是便携。平时，我们常常会同灵感不期而遇，而在手边没有马克笔、彩铅等专业表现工具时，签字笔就成了我们记录灵感、收集资料的主要工具。

市面上，签字笔的品牌和型号多如繁星，选用一款合适的签字笔很重要。“合适”并非意味着“名牌”+“高价格”，关键是要下墨流畅，不能出现起笔就是一团墨迹。笔的粗细可以根据自己的喜好选择，粗线条的画面会显得更豪放，细线条的表现会更细腻。

签字笔的表现重点是要下笔肯定，线条流畅，在透视准确的前提下重点表现产品的结构关系。需要表现的线条不光有那些很直观的轮廓线，还要学会去提取产品形体中一些关键的结构线和转折线。另外，根据自己的喜好可以适当地运用排线的方式表现一些光影效果来丰富画面。

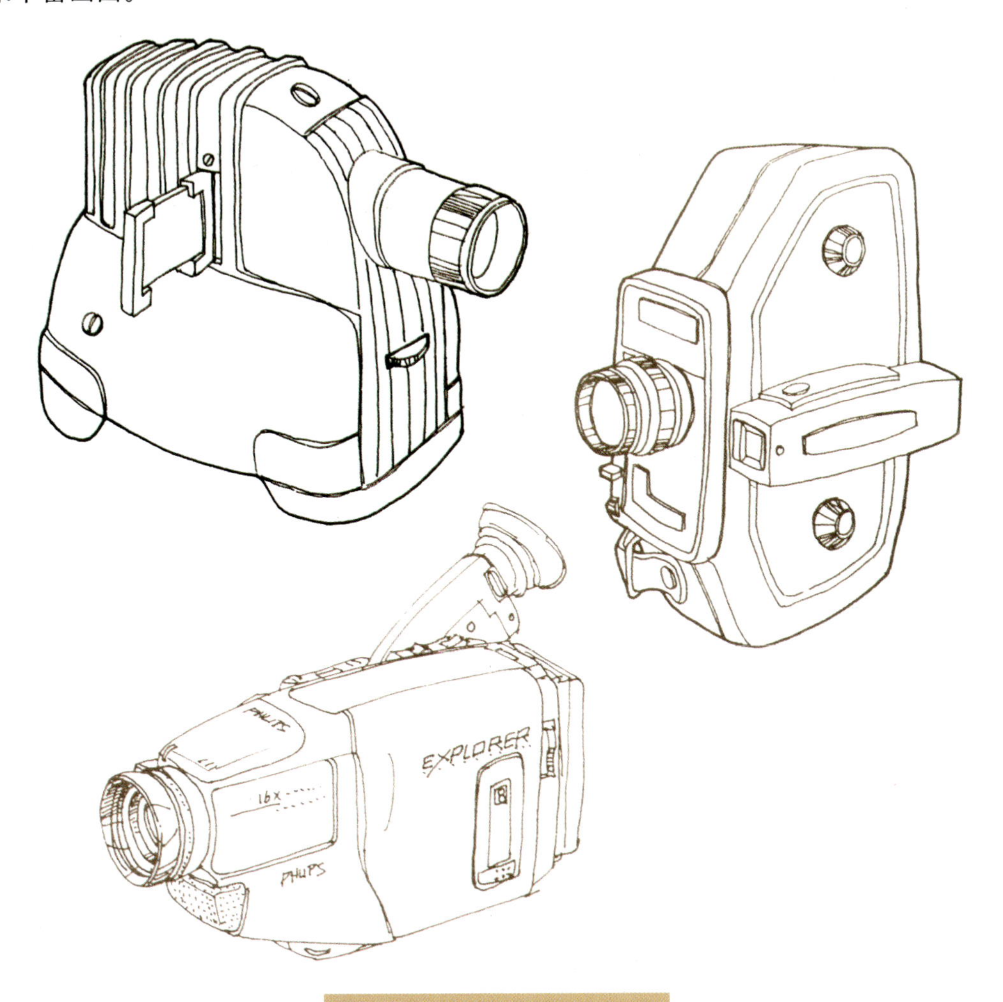

图2.9 签字笔产品表现（一）
（作者：黄晶）

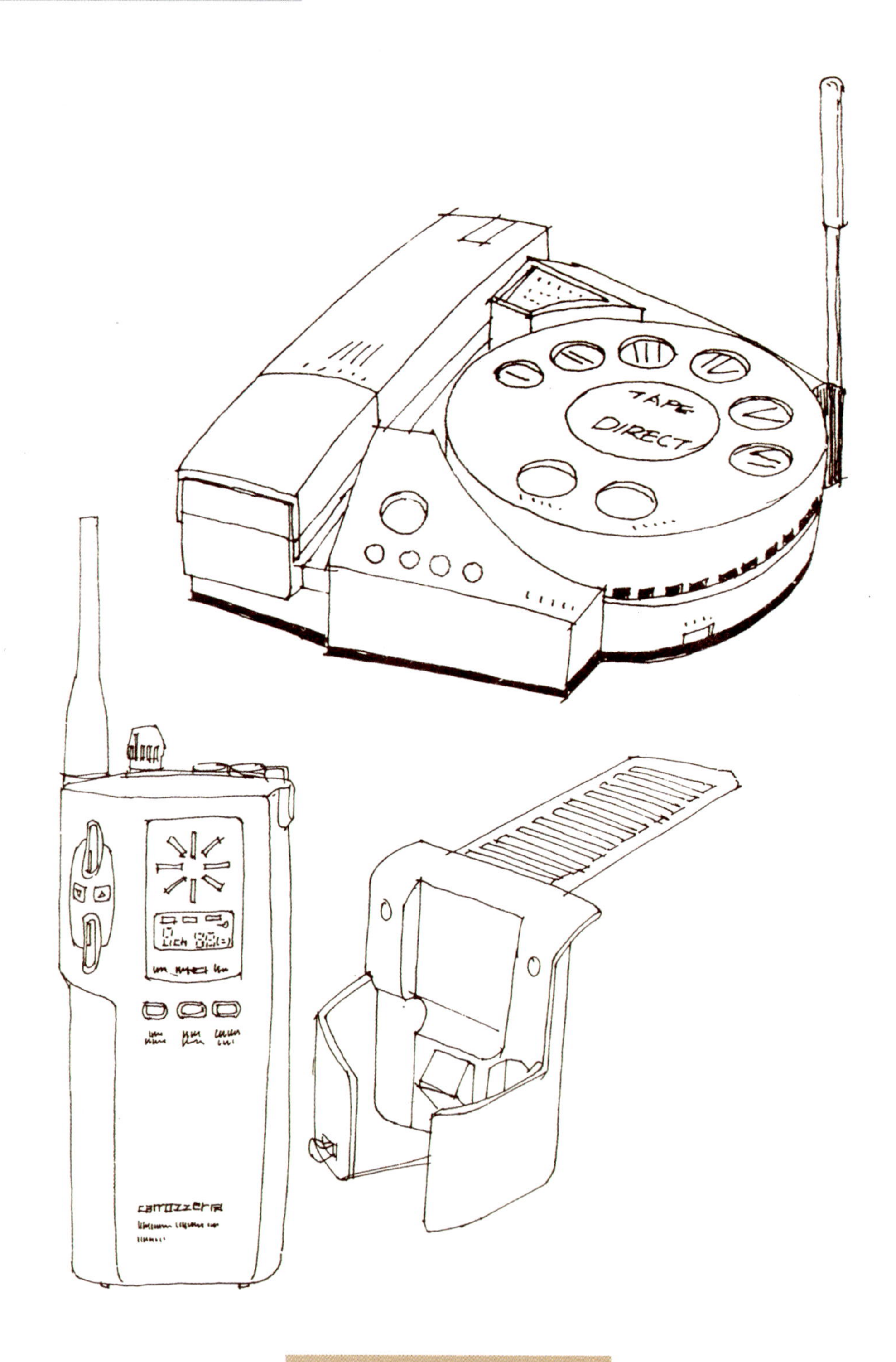

图2.10 签字笔产品表现（二）
（作者：黄晶）

图2.11 签字笔摩托车表现
（作者：黄晶）

图2.12 签字笔汽车表现
（作者：黄晶）

2.2 电脑手写板的应用及画法特点

目前在产品设计的手绘表现中，手写板可以算是科技含量最高的工具，也是许多设计师目前正在努力学习和使用的方式。

作为电脑的外接设备，手写板好比一个可以进行更细致描绘的鼠标。目前应用最多的当属Wacom公司的Intuos和Cintig两款手写板。两者的区别在于，前者对于硬件的要求更高，它需要额外的配套设备连接显示器使用，而后者则可以直接在带有压感的屏幕上进行描绘，如图2.13所示。

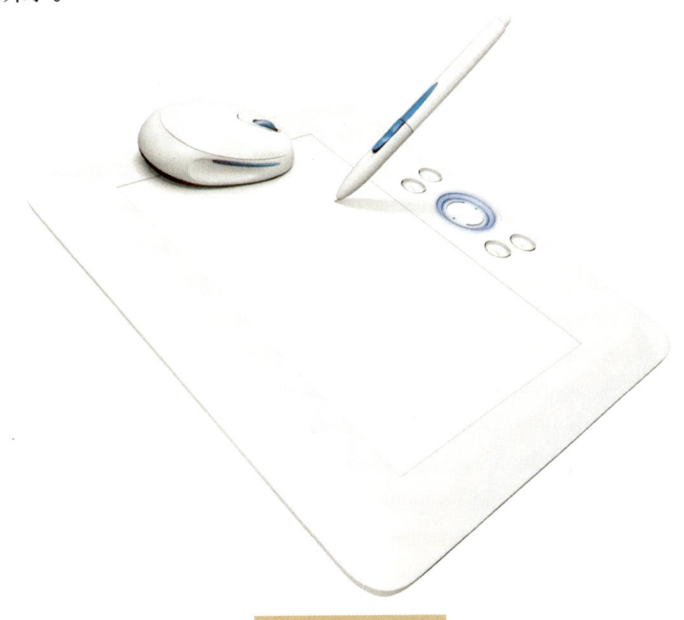

图2.13 手写板

手写板的构成主要有两大部分：手写笔和写字板。有的只有手写笔，写字板就在显示器上。根据手写笔与写字板的连接方式又可分为有线和无线两种。

从技术上来说，手写板已诞生了五代的产品：
碳膜板、电容板、ITO板、电磁板（或称数位电磁板）、压感电磁板。对于绘制草图和效果图来说，压感电磁板更为适合。

数位电磁板和压感式电磁板的工作原理都是采用了电磁感应技术。它由手写笔发射出电磁波，由写字板上排列整齐的传感器感应到后，计算出笔的位置报告给计算机，然后由计算机做出移动光标或其他的相应动作。由于电磁波不需要接触也能传导，所以手写笔即使没有接触到写字板，写字板也能感应到，这样就使线条更为流畅。

但仅仅依靠电磁感应技术，无论你用力轻重，反应出的线条都是一样的粗细。因此在第五代产品——压感电磁板中又加入了压力感应技术：笔尖可以随着用力的大小微微地伸缩，一个附加的传感器能感应到在笔尖上所施加的压力，并将压力值传给计算机，计算机则在屏幕上放映出该值笔迹的粗细。

数字化手写板的操作技巧，需要在过硬的手绘工具基础上再进行适应性练习，很快就可以上手。图2.14所示为直接用手写笔在显示器上绘制草图的过程和最终效果。

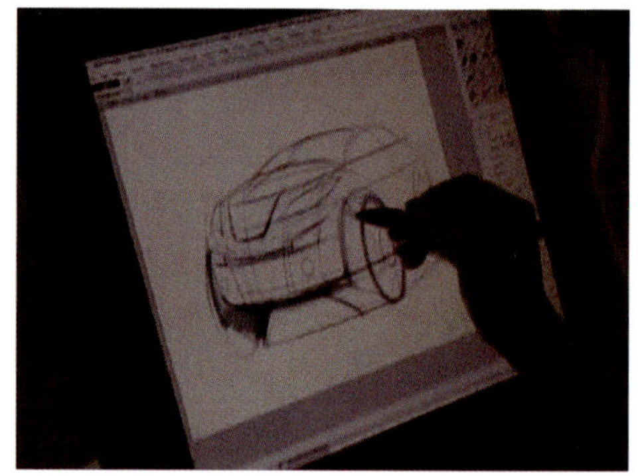

图2.14　手写板绘制草图

对于任何一个设计师来说，用一张纸和一支笔来记录设计灵感，往往比手写板更为直接和便利。

本章小结

本章主要介绍工业设计中进行产品设计快速表现常用的工具和材料，熟悉常用的各类手绘表现工具的表现特点，熟悉电脑手写板的表现特点。该章节的主要知识点是马克笔应用及画法特点、彩色铅笔应用及画法特点、签字笔应用及画法特点，常用的数位板及其表现特点。

第3章 手绘产品设计效果表现

学习目标：熟悉产品设计表现的依据，使学生清楚如何认清问题，分析问题，提出解决问题方案，最后评估方案。产品表现图的透视原理，包括一点透视、两点透视和三点透视，并熟悉透视原理的应用和特点。产品设计表现图的画法步骤，包括单色铅笔、签字笔、彩色铅笔、马克笔、彩色铅笔加马克笔、色粉加马克笔、半透明纸、有色纸和钢笔淡彩的画法步骤，产品表现图的透视原理和画法步骤是学生着重要掌握的内容。另外，要熟悉产品设计草图概念及分类。

学习要求：要求学生能够根据教授的知识，加强对产品依据和产品设计表现图原理和画法的理解，能够熟练应用这些方法，进行产品设计草图的创作。

3.1 产品设计表现的依据

随着人们对于大脑认识的深入，我们发现，人类的大脑可以划分为左脑和右脑两个区域，左脑擅长逻辑思维，右脑擅长形象思维。设计表现图既反映了在设计师左脑中进行的逻辑思辨，又将设计师那种无法用语言来明确表达的一些模糊的、不确定的现象以可见的方式展现出来。设计表现一方面表达了对于设计目标的理性判断，另一方面，也是这一目标由模糊逐渐变为明晰进而确定的过程。设计表现的过程是选择被设计的产品形态、材质、色彩特征等心理体验过程，也是感受尺度与比例、材质的特征与表象、色彩的有效方法与手段。设计表现的目标是在设计师经验的指引下探索积极的设计目标、检验设计在美学上的意义以及功能上的可行性。

3.1.1 认清问题，分析问题

产品设计表现图的一个重要作用就是记录思维过程，快速表达构想。设计表现应用了一部分绘画艺术的技巧和方法，所以产生的艺术效果和风格就带有一定的艺术风格和特征，其手法的随意自由性确立了在快速表达设计方案、记录创意灵感时的优势和地位。美国著名建筑设计师保罗·拉索（Paul Laseau）提出了图解思考（graphic thinking）这个概念。图解思考是被用来“表示速写草图以帮助思考的一个术语”，“这类思考通常与设计构思阶段相联系”（见图3.1）。经常听到一些设计学子在抱怨：“市场上某某产品的创意我早已经想到了，只是我没有把它画出来。”但试想一下，你的创意不管多么优秀，如果只停留在空中楼阁的阶段，对于真实的设计又有何益处呢？很多时候，大量的创意和设想以思维或语言的形式表达出来，而没有经过可见的图形的检验，这样它的客观性和合理性大打折扣，而且旧的“思想片段”很容易被新的“思维片段”所覆盖并清除出我们的记忆，因此非常需要把这些旧的“思维片段”以表现图的形式记录下来。画在图纸上的形态是设计师观点和其主张的鲜明表达，而且在设计师本人不在场时也容易理解，这也就是我们常说的“让设计本身说话”。

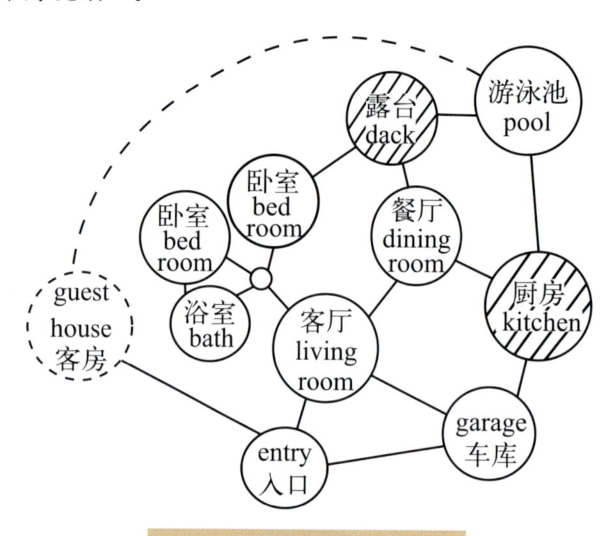

图3.1 用以辅助设计构思的“图解思考”

列奥纳多·达·芬奇说：“距离感官最近的感觉反应最迅速。这就是视觉，所有感觉的首领。”（见图3.2）保罗·拉索也认为，“视觉图像对有独创性的设计师是个关键问题。它必须依靠视觉记忆的丰硕搜集，而丰富的记忆则依靠训练有素和灵敏的视觉。”记录类表现图正是担负着搜集资料和整理构思的任务，这些表现图对拓宽设计师的思路和积累经验都有着不可低估的作用。产品设计的初期，对形体的塑造过程与雕塑家和木匠的工作过程有几分相似，利用概括的手法，得到设计者意念中所欲得到的形态。尽管这个意念中的形态可能很朦胧、不具体，但是它很生动、很有活力，给设计者提供遐想和再深入设计的思考空间。

有些人在开始画表现图时就直接画出细节部分，这样做是没有意义的。因为这个阶段的设计中，设计师对设计中的产品的大型主旨要求，不是要画出粗糙的简图来解释细部，而是建立立体的形体。从远距离很难观察到细部的轮廓或是图样，只能从立体的形态和光线中辨识物体，含糊不明确的轮廓是很难辨识的。所以这一阶段应学会从复杂的产品或物体形态变化中找出最单纯的大形，坚决省略那些对大形不能产生决定性影响的小形，强调轮廓、整体姿态、亮度对比和被强调的部分。

形态是物体的基本特征之一，是产品设计表现的第一要素。作为产品的设计形态，它涉及的是物体不受空间位置限制的那种本质的外部形象。这一特性就决定了产品的形态塑造与一般的绘画艺术的造型语言有着很大的不同。在一般的绘画艺术表现中，表现手段、画面效果、个人艺术风格是第一位的；但在工业设计中，产品形态本身的合理性以及表达的准确性、清晰性则是主要的。因此，对于设计师的设计表达而言，介质、风格、形式语

言的选择都必须是为了服务于产品形态本身的表现而存在，否则一切表现都将失去存在的理由。

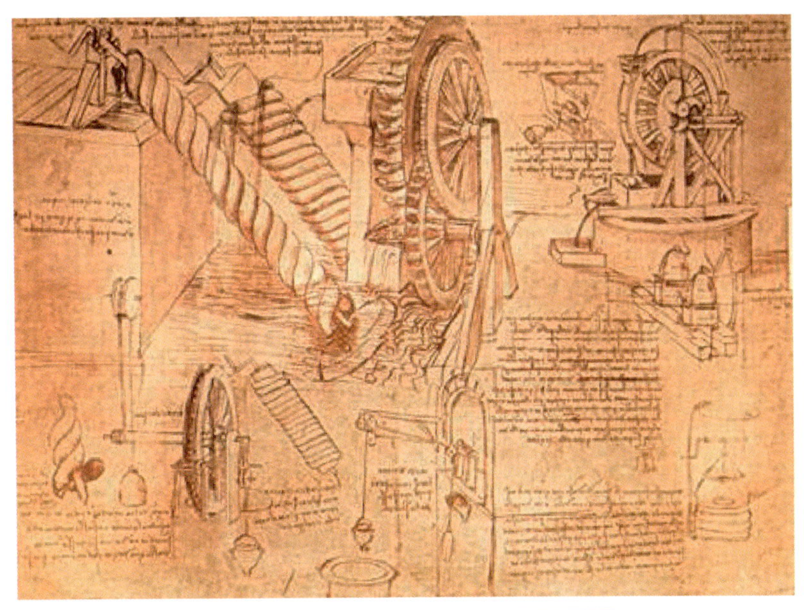

图3.2 达·芬奇绘制的提水装置草图

要想正确地塑造形体，首先要有视觉上的敏感性。所以在设计表现之初，首先要观察对象、感受对象并加以研究分析，取得第一印象。俗话说得好，“万变不离其宗”。“宗”就是第一印象或者基本观感。这个基本观感非常重要，它是进行设计表现的造型的主观依据，对事物的“本质”的提炼、概括都在这一阶段进行。观察感受既是理性的科学分析，又是感性的艺术创造（见图3.3）。说它是理性的科学分析，是指通过观察进行理性的分析，发现与表达对象形体结构、形态及其节奏规律；说它是感性的艺术创造，是指通过观察，找到形体结构的本质特征，以艺术化的语言来把这一特征表现出来。

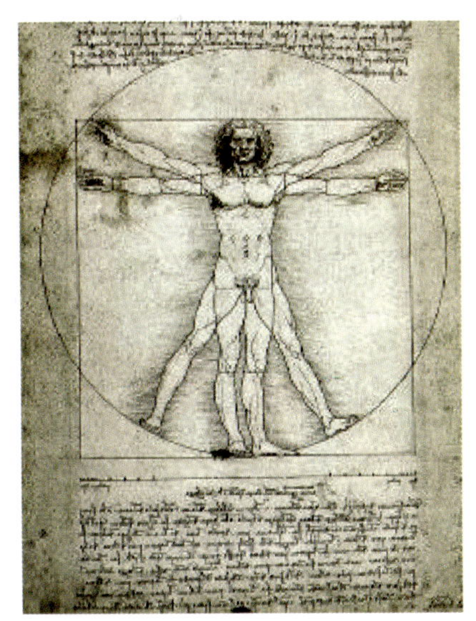

图3.3 达·芬奇的传世画作《维特鲁威人》，详细描绘了理想人体的比例关系

1．观察与分析

科学的观察方法是从研究物体存在的特征，即研究物体形体结构的存在方式这一基本点出发的。整体的、联系的、本质的观察是科学观察方法的前提，化繁为简、概括提炼是观察的常用手法。

对于任何一种形态而言，都具有三个向度，占有一定空间的物体。一个物体的外部形态特征是由这个物体的形体结构决定。所谓的形体结构，即是指物体占有空间的形式。形体以什么样的方式占有空间，形体就具有什么样的形体结构。形体结构的最基本状态就是圆球体和方块体。如果，形体以方块体的方式占有空间，它就有着方块体的结构；同理，如果形体以圆球体的方式占有空间，它就有着圆球体的结构。因此，面对一个物体，尤其是一个结构复杂的物体，就需要认真观察分析，注意观察该产品的整体造型，看看它类似于什么形状，力求理解结构特征的基本状态，从中分析出形态的相互结合关系。

在整体观察的基础上，下一步的工作就是对形体进行概括和分析，从中归纳出形态的基本特征和形态间穿插组合的规律，达到提高视觉敏锐性，锻炼自我把握形体特征的目的。

2．利用设计表现图分析产品整体形态特征

分析产品的整体形态特征，就是以笔为工具，在复杂的形体变化中寻找出最单纯的大形，并大胆舍弃对整体大形不产生决定性影响的小形，寻找出产品区别于其他物品的个性特征。在这个过程中，我们主要把握的是产品整体形态的主要特征，归纳为特征线条或是面，如图3.4和图3.5所示。

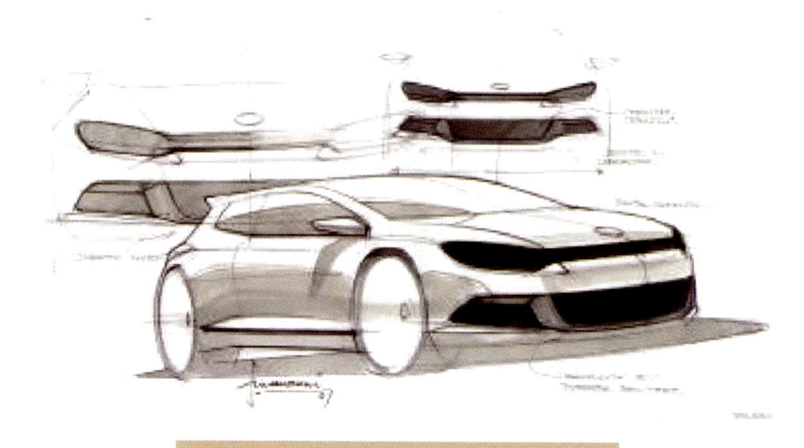

图3.4　忽略细节的汽车设计表现图，强调了设计的总体感觉

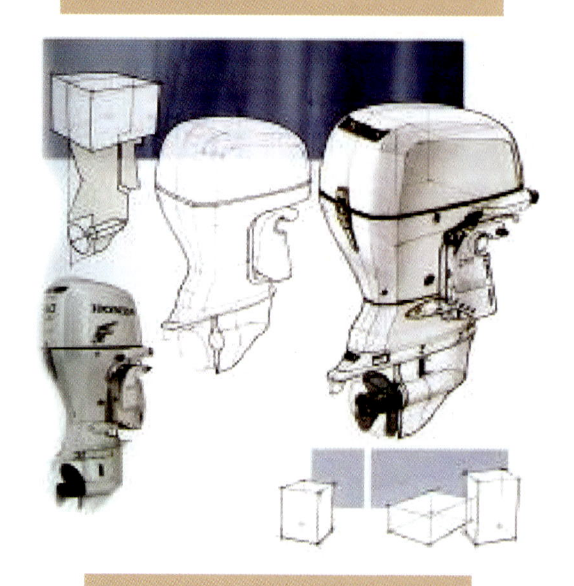

图3.5　分析总体设计形态的表现图

3．利用设计表现图分析产品主、次形态的结合关系

分析产品主、次形态的结合关系，就是要用图的形式，对形态复杂的组合体进行分析，找出形态间组合的基本规律，如穿插、环绕、镶嵌等。这方面主要把握的是产品的比例与各部分形态上的空间关系，如图3.6和图3.7所示。

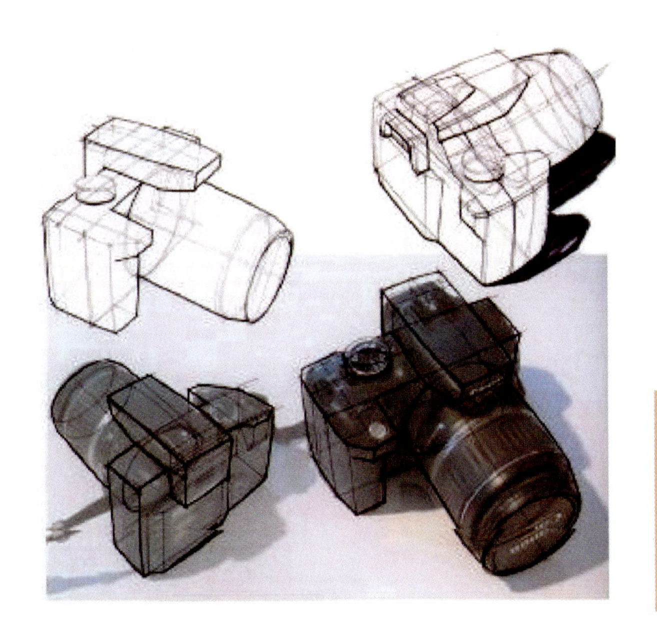

图3.6　数码相机的设计分析，将主、次形态的比例，交接状态与在三维空间中的相互关系表述清楚。不同角度的分析避免了由于相互遮挡而不能显示的图形

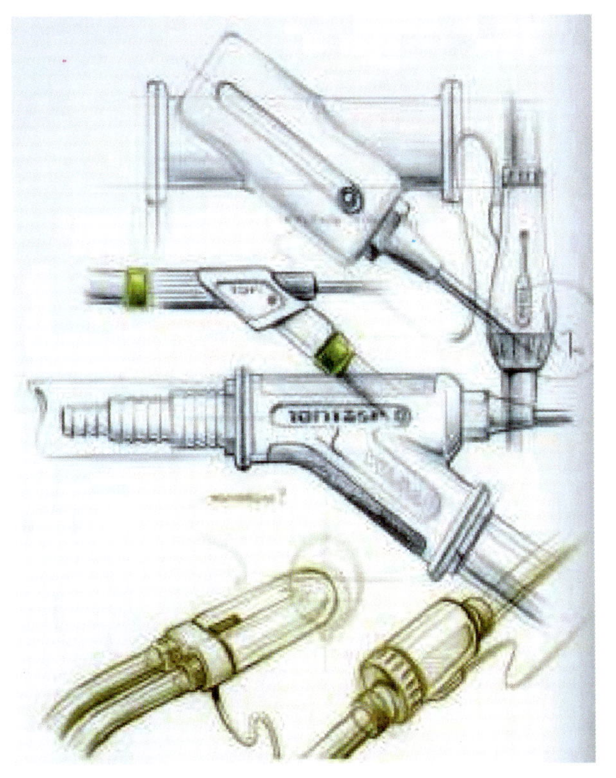

图3.7　电动工具设计的主次形态分析表现图，比较清楚地绘制了形体间的过渡状态，并具有一定的设计细节描绘

4．利用设计表现图分析产品的结构特点

分析产品的结构特点，就是利用设计表现图，将产品的结构特点描绘出来，这种类型的设计表现图不要求产品结构的绝对精确，而是要把握住产品零件间的交接关系与可能的机件结构等特点（见图3.8和图3.9）。

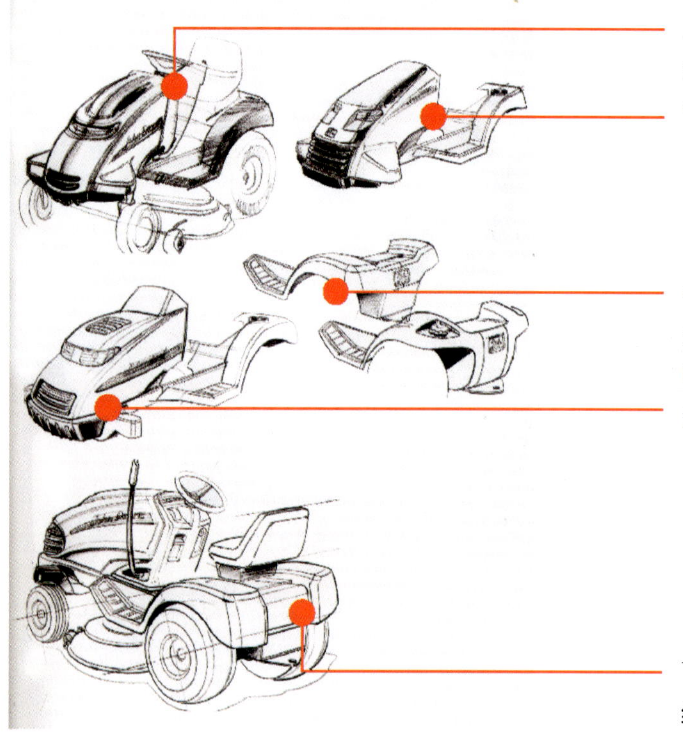

上：左图显示草坪车的大部分构造被外壳包裹。右图显示出引擎盖与车的栏栅通过分别注模的方式分离开来

中：左图可以看出挡泥板与引擎盖是分开设计的而不是组合在一起的。右图分析了挡泥板与后牵引板之间的建构关系

下：草坪车的后部构造和操控面板的细节

图3.8　大型除草机的设计表现图，说明了机器的大体结构

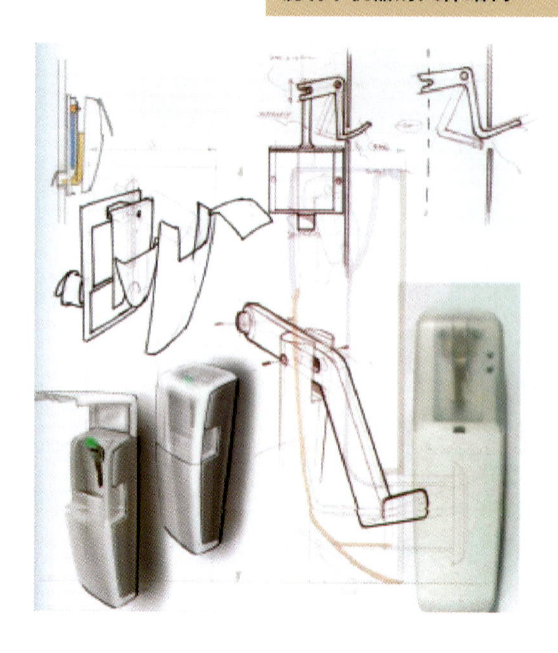

图3.9　门禁系统的结构分析表现图，清楚地说明了机件的结构交合方式与相互关联

5．利用设计表现图分析产品的使用状态

分析产品的使用状态，是要借助表现图的辅助，来理解一件产品的机构运动方式，以及产品对于其设定使用环境间的配合方式，还有就是产品与其使用者的关系。在这种类型的设计表现图里，往往会综合着以上几种表现图的特点（见图3.10、图3.11、图3.12）。

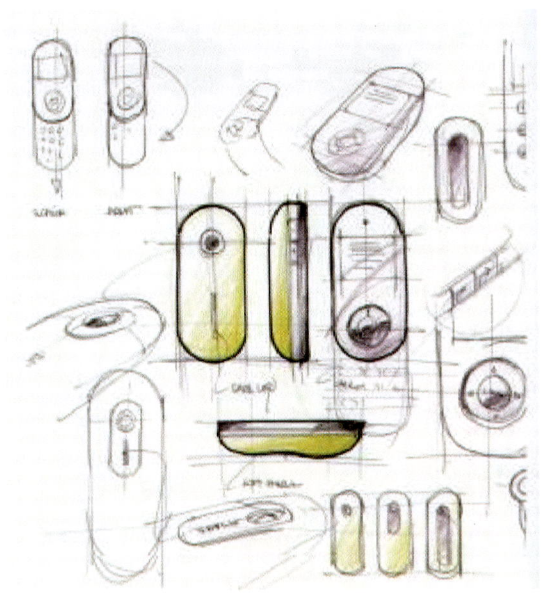

图3.10 移动电话的设计，在这张表现图里，设计师对于产品未来使用方式的构想被记录下来

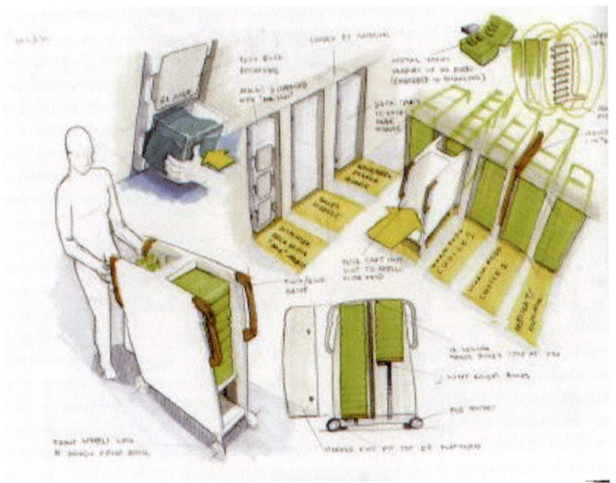

图3.11 航空食品供应车的设计，这张设计表现图说明了产品的使用状态与存储状态以及内部结构的简略划分

图3.12 卡车设计的表现图，说明了人进入驾驶室的方式，这也是这个设计方案的独到特点，人与产品的互动关系是这张表现图的重点

3.1.2 问题解决方案

在一件产品的设计过程中，设计师往往会利用大量绘制的设计表现图来展开自己的设计。产品设计的表现图能够记录设计是对于产品的构想与提案，这些经由设计师手脑互动而产生出来的表现图，在设计的初始阶段只是描述了对于设计问题的基本认识。随后，设计表现图的作用变为帮助设计师思考设计核心问题的可能解决方案，找到潜在的问题解决形式。设计表现图的绘制过程可以看做一个设计师与内在的自我进行交流与互动的过程。设计师与自己亲手绘制的表现图进行“对话”，从而产生对于设计问题的新构想（见图3.13）。在某种程度上，所谓“新”的问题解决方案，可以理解为对于设计者头脑中已存有经验和想法的重新组合与整理。在表现图的绘制进程中，对于设计问题的不同解决方案得到了筛选与提炼，表现图的焦点也随着构想的逐渐明晰而由产品的整体慢慢转化向局部、使用方式等细节问题（见图3.14）。

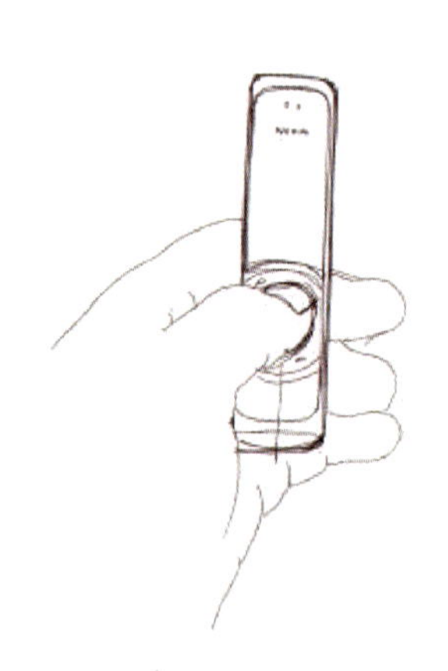

图3.13 NOKIA手机的设计草图，提出了新颖的手机尺度与形态

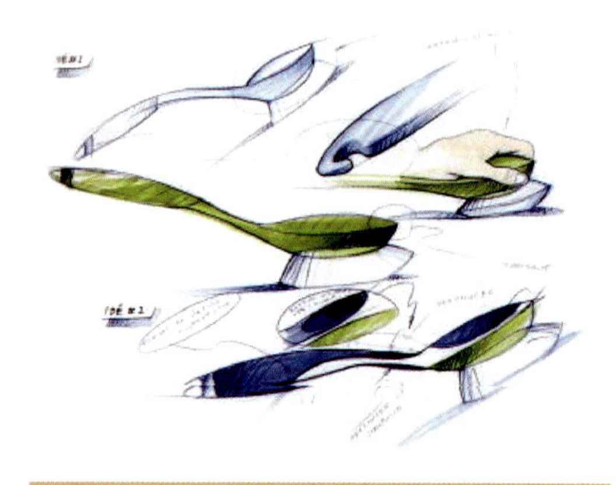

图3.14 碗碟刷设计的两个方案表现图，图中的手即说明了尺度的比例，也指示了使用方式。不同的颜色，指示了不同的材料使用

倾向于思考的表现图是对记录性表现图的展开与深化。我们知道，在素描写生中，随着对所绘形象的观察不断深入，在大形体塑造基本正确的基础上，就可以从主要局部形象入手，深入刻画各个局部形象了。同样，产品设计中期随着对设计构思的展开、深入，一些比较成熟的设计方案就从大量的初始表现图中被筛选出来。这一阶段，思考性表现图就担当着把这些可行性较高的初始表现图做进一步的完善，从而确定出一个或数个可行性较高的较为成熟的方案提交客户去审阅的任务。

著名美学家鲁道夫·阿恩海姆在其著作《视觉思维——审美直觉心理学》中讨论了通过视觉体验来消除思考与感觉行为之间的人为隔阂的重要性，他在书中阐述道：“视觉乃是思维的一种最基本的工具。”作为一种思维的工具，视觉是人类认知的主要渠道，据测试，在人们所接受的全部信息中83%是通过视觉获得的，另一项研究也表明人类获取的知识有70%以上是通过视觉获得的，戴尔在其“经验之塔”理论中也强调指出了视觉在人类认知中的重要作用；绘制表现图正是侧重于思考过程，设计师利用表现图来对产品的形态和结构进行推敲，并将思考的过程表达出来，以便对设计进行深入和完善。在这类表

现图中，往往一个画面里既有透视表现图、平面图、剖面图，又有细部图和结构图（见图3.15）。这样做是有一定的道理的，因为对产品的细部的分析是设计基本构思的组成部分，它不仅证明了构思的可行性，同时也作为组成部分，为基本构思提供额外的信息，这些产品的局部以较大的比例表现在表现图上，在对设计进行深入时，可以通过对放大的局部信息的回顾来对基本构思进行修正和检验。

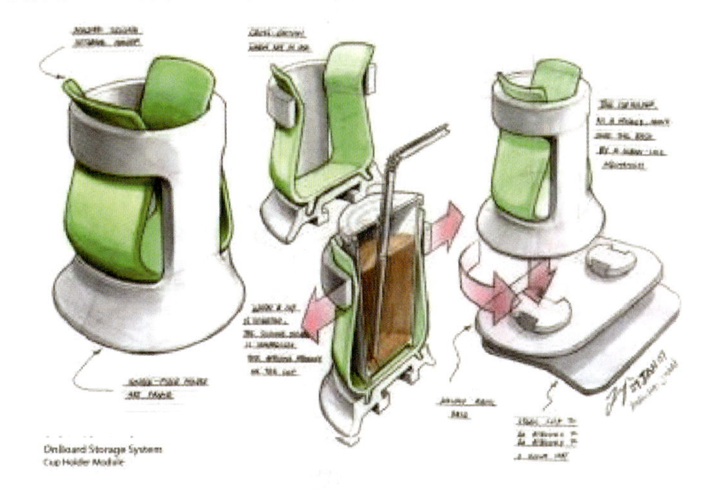

图3.15　饮料架的设计表现，利用剖面图表达了对于产品结构的考虑

我们在设计表现图上运用的所有设计表现形式都是服务于一个中心——设计创意。设计创意倾注着设计师对设计的理解和认知，通过设计创意可以了解设计师在设计中的创新点。设计表现图中往往包含着大量的信息（如功能、色彩、形态、结构、材料等），是设计师对设计方案的全面理解和表达。在这些信息中有的是设计师的设计创意所在，而有些则是为了辅助创意的表达而存在的次要信息。如何提高设计表现图的传达信息的针对性，让人能够一眼就能“注意”到设计师的主要表现意图呢？19世纪美国著名心理学家詹姆斯曾给“注意”做以下的定义：注意，即对精神的控制支配，意识的聚焦或关注，以便有效处理其他事情。注意意味着大脑为减少感知和知觉负荷，而在这个选择过程中，对所摄入信息的选择性，大脑仅仅处理了很有限的感官信息，其他大量信息被排除了。这就给了我们启迪：为了提高传达信息的有效性，在设计表现图上就用一些图形符号作为向导，通过图形符号实现与观者的交流与互动，有意识地把观众的视线吸引到自己要表达的创意点上（见图3.16）。

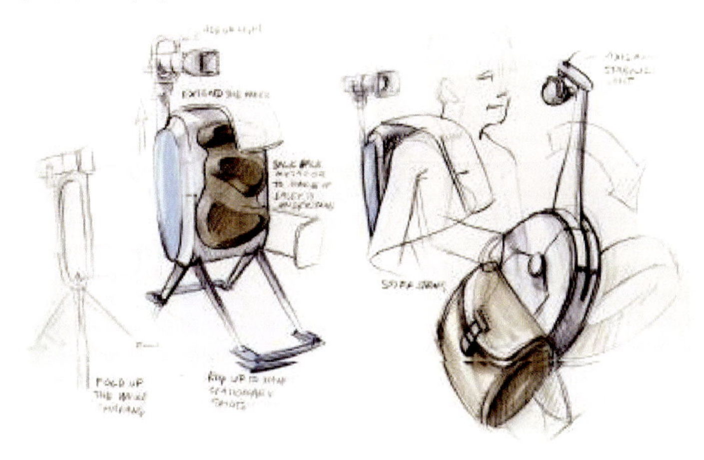

图3.16　旅行配件的设计表现图，其中箭头的使用，引导了观者的视线并指示了产品机构的运动方向

我们所处的是一个体验经济的时代，体验经济已成为继产品经济、商品经济和服务经济之后的一种新型的经济形态。在这个时代里，一方面，作为设计的主体开始发生了变化。不仅设计师是设计方案的提供者，“体验设计”理念的提出也预示消费者已不再甘于被动接受那些来自设计师的“蹩脚”设计，他们要开始自己参与到设计过程了！另一方面，从系统设计的视角上看，我们把关注点仅局限于设计开发这一商品制造的前期，就不能理直气壮地说我们的设计是从整体出发的。大设计观的提出，要求关注的视野从单一的设计开发过程转移到设计、生产、使用、报废等商品生命周期的整个过程。所以，关注设计成为一件商品后，作为设计的消费者——用户们的使用情况，去体验他们在使用该产品的种种感受，比以往任何时期都显得异常重要。图形板这一原本是影视制作中对分镜头进行形象预审化（Pre-Visualization）的一种手段，开始被移植到设计界并被广泛应用。

图形板又称使用情景图，它是国际著名设计公司IDEO设计公司于20世纪90年代研究出来的工业设计新方法。它是一种以剧本为导向的设计方法（Scenario-Oriented Design），其主要原理是利用人类所特有的内心思考、言语表达编故事、说故事的基本能力，将设计者及产品开发有关人员带入产品使用时的情境，透过这种情境故事，透过对不同情境的观察和了解，发现潜在客户的各种需求，再抽丝剥茧找到核心需求，根据核心需求撰写出剧本。借此剧本的导向，优秀的演员（即设计师）就能真正透过剧本将问题解决方案表现出来。图形板能很好地说明产品的使用功能甚至使用环境、使用状态、使用方式，这是一种以用户体验为核心的情境构建的设计方法，它兼具想象、研究、分析、创作与沟通的功能。

由于图画在某些方面在表达上可能是模糊的，这时就需要用文字适当的加以说明。图形板的文字和图画要相互配合，相互影响。图画本身已经建立起正确的上下文，文字就完全可以退出。图形板在表现所用媒介上可分为手绘、相片拼贴、软件制作等，我们就常用的手绘方式作简要介绍。

1）速写方式

一般采用单线勾画，也可以稍加明暗。每个图形板的画幅数量应该是多少，没有什么规定，只要能内容表达清楚即可，如图3.17所示。

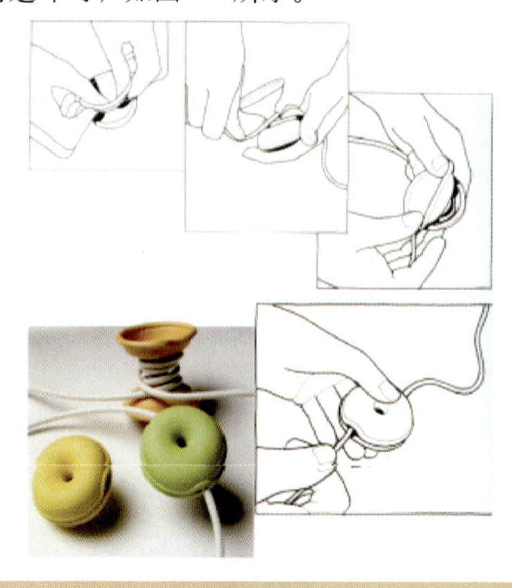

图3.17　用一系列连续的图画说明产品的使用方式

2）彩图方式

这种形式的图形板有的用水彩画法，有的用单线速写然后填色的画法，其主要作用在于弥补速写式图形板色彩表现的不足，它对设计产品的色彩基调的选择、主体与环境的色彩处理，可以提供参考方案（见图3.18）。

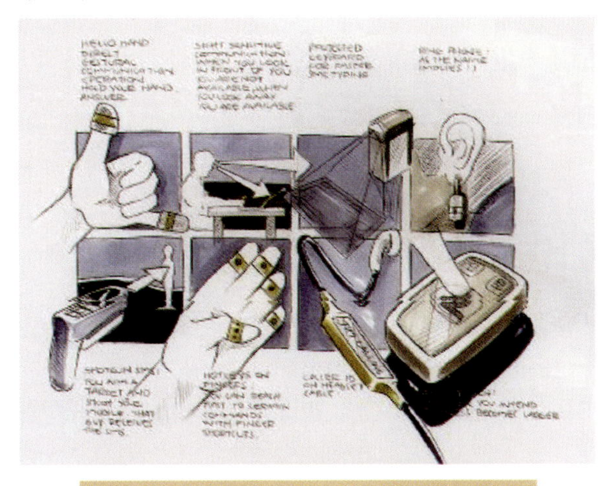

图3.18　说明产品设计概念来源的图形板

图形板可以帮助设计者明确设计目标，确定设计目标首先需要自问，这个产品要完成些什么？为何要生产这个产品？是否想销售一些东西、提取可读取的参考资料，或减少客户的负担？记下这些目标。总之，明确目标是设计过程中最重要的环节。在项目中的每一个决策点，都应自问，这是不是有助于实现产品的目标？

图3.19　FIAT500车型进行内饰设计时用以选定设计方向的两个图形板，上面列举了潜在典型用户群体的视觉特征

图形板可以帮助设计者确定目标用户，想象你是一个典型用户，列出你的典型用户统计表。这包括教育状况、年龄、收入、爱好、所处的国家或地区甚至是健康状况，等等。产品对于失去听觉、视力损坏或运动机能障碍的人是否适用？这些典型用户希望从你的产品中得到什么？他们对此的假定和态度如何？他们是否能谨慎地购买你的产品？根据这些问题的答案，你的设计也应随之调整。确定好用户后，你也许需要适当地或大幅度地改变产品的目标，不要犹豫。在开发过程中，尽早变动更为容易。你对用户所做的假设会影响到每项决定（见图3.19）。另外，设计的目标市场是哪里也要搞清楚。是国内某个区域如华东，就要设法搜集华东区域内的风土人情及消费心理和趋势。如果是国外，就要仔细调查地方化和交叉文化的禁忌。例如，在不同的文化中，色彩有着特殊的意义，不了解这些意义可能造成产品投入市场但销售惨淡的重大失误。

3.1.3 案例分析：咖啡机设计

本案例由北京艺有道工业设计有限公司提供。

消费群体：主要为青年情侣，通过故事情景对这类消费族群的生活方式进行描述，如图3.20所示。

根据这些情景的描述来进行设计草图的创作，如图3.21和图3.22所示。

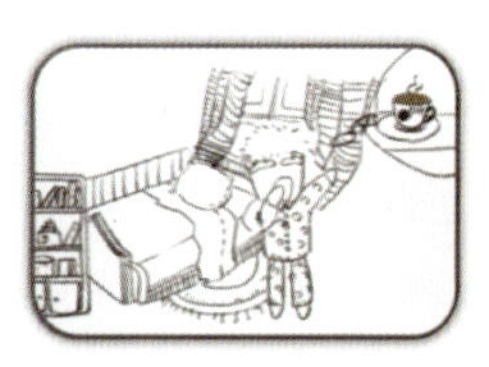

早上8点起床后，做的第一件事是启动咖啡机，制作一杯高浓度的咖啡

在早餐时间享受快速冲泡好的咖啡的同时，再制作一杯咖啡

出门时把制作好的咖啡装入特制的保温杯里，带走；咖啡机也不用清洗

运动完后在休息室内享用带来的自制咖啡

中午女友来家玩，俩人做午饭，顺便制作下午饮用的咖啡

俩人喝着自己调配口味的咖啡，感觉很好，度过了一个愉快的下午

晚上俩人看了场电影《爱情呼叫转移》

把女友送回家

累了一天，回到家喝杯自己做的咖啡，看会电视，给女友打电话

睡觉前，清洗用了一天的咖啡机，并准备明早制作咖啡的备料

图3.20 使用咖啡机族群生活描述情景图
（设计制作：北京联合大学 史磊
企业指导教师：马楠 董术杰）

图3.21 咖啡机草图
（作者：史磊
指导教师：马楠 董术杰）

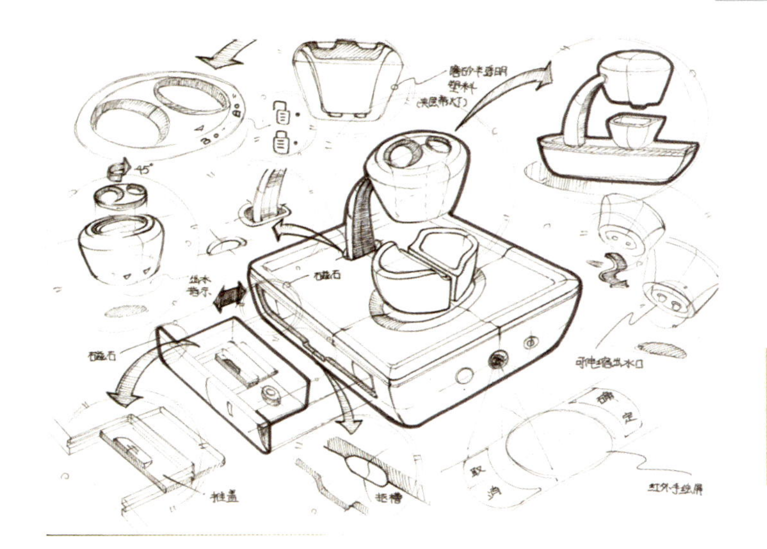

图3.22 咖啡机的草图
（作者：史磊
指导教师：马楠 董术杰）

3.1.4 方案的评估

设计者利用产品设计表现图来传达用语言无法详尽表述的设计思考。除去担当整合各个设计构思的中间媒介物之外，设计表现图的另一个重要任务是将设计师对于未来产品的想法以可视的方式表达出来，让其他人可以了解到还未成为现实的产品。这样设计表现图在产品设计的方案评估中就成为了设计者与参与评估者之间的桥梁。设计方案在其初期阶段具有高度的抽象性，每个人对设计的理解也有所不同。而设计部门的一大特点是有不同知识背景的专家在一起工作，设计师如何应用表现技法把自己关于设计的产品的功能、造型、色彩、结构、工艺、材料等信息，真实、客观地反映出来，从视觉感受上沟通设计者和参与设计开发的技术人员，这是设计表现图的一大任务。

我们知道，语言是人类最基本的交往、表意的工具和方式。不同的专业有不同的语言，如舞蹈家用自己的肢体语言与观众交流，作家用自己的文字语言与读者对话。设计表现就是设计师的语言。它是传达设计师情感以及体现整个设计构思的一种设计语言，同时也是设计者表现设计意图的媒介。设计师用设计表现技法表达设计构思，记录设计创意，传递设计意图，交流设计信息，并在此基础上研究设计的表意和内涵，从中择取最佳的方案加以深入和演化，将理想转化为现实。

1. 表达产品设计概念的表现图（见图3.23、图3.24）

图3.23 说明设计与上一代车型关联的表现图，左侧为旧车型，右侧为新设计

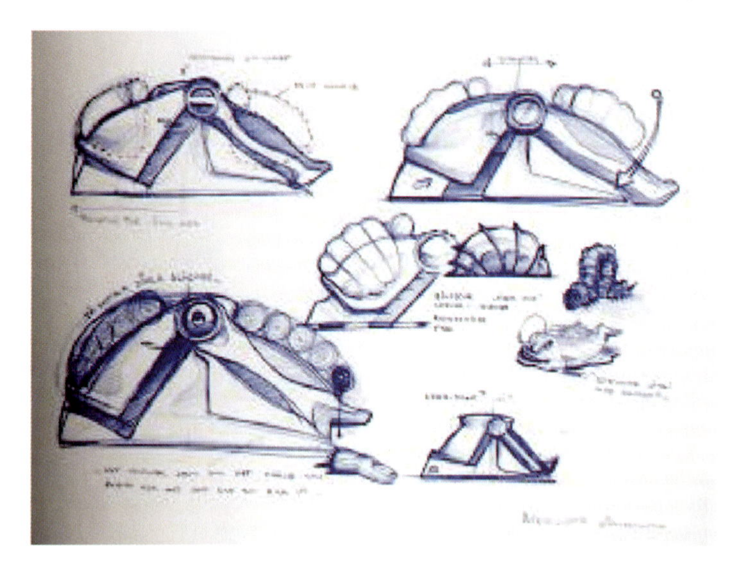

图3.24　描述产品形态来源与生物体关联的设计表现

2. 说明产品设计整体形态的表现图（见图3.25、图3.26）

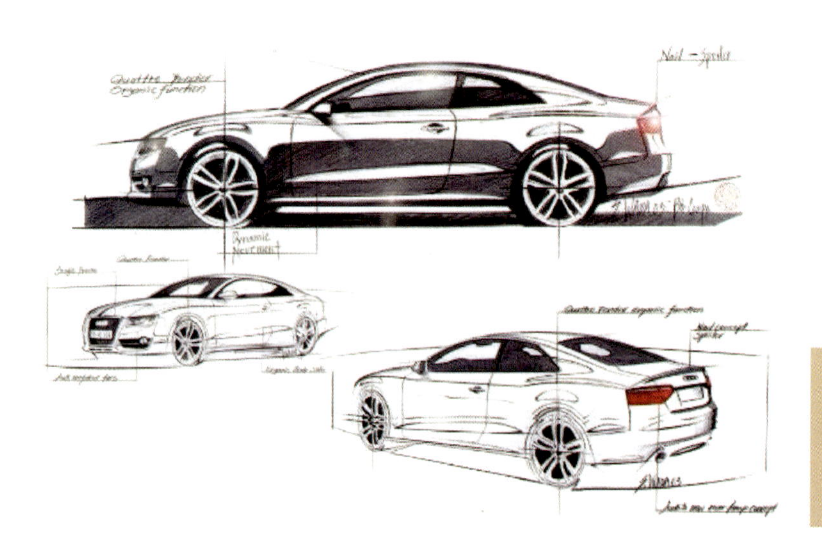

图3.25　AUDI A5车型的设计表现图，清楚地表达了车型的比例、造型动态、关键线条等特征

图3.26　BMW 3series 的设计表现图，通过前视45°角的表现以及车身曲面的光影变化，描述了车型的造型特点

3. 描述产品设计细节的表现图（见图3.27、图3.28）

图3.27、图3.28 汽车内饰的设计表现，用以显示不同的细节设计方案

4. 指示产品使用方式与环境的表现图（见图3.29，图3.30）

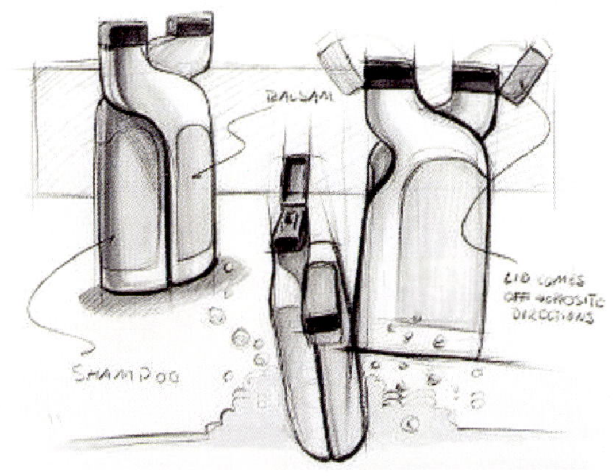

图3.29 容器设计的表现图，说明了产品的使用方式

图3.30 概念车的设计表现，描绘了使用环境，在某种程度上也解释了车型造型特点的确定缘由

3.1.5 最佳方案的实现

在一件产品的设计过程中中，设计师不仅要和具有相同专业背景的同事进行交流，而且也要经常同没有多少专业背景的领导及客户进行沟通。这就要求设计师在经过设计表现图的辅助明确设计想法，并确定了设计的基本理念后，用适当的形式把设计创意表达出来，使其他人能理解设计师的创意，达到沟通与取得共识的效果，如图3.31所示。

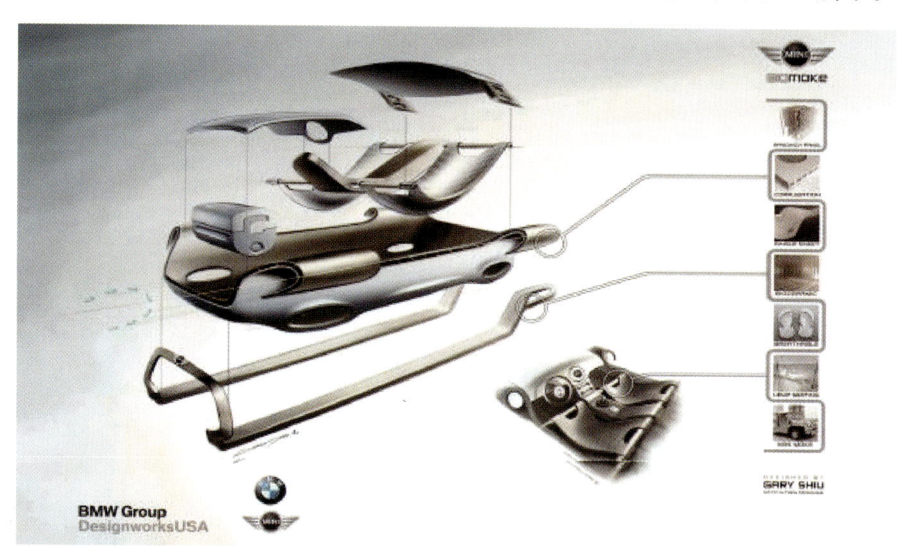

图3.31 说明结构与材质构想的表现图，以期达到沟通和交流的效果，进而可以实现方案

构思的传达方式与讨论的实践密切相关。在设计接近结束前完成的绘制相对精细的表现图与在设计的中间阶段来讨论构思的表现图，两者有相当大的区别。表现图所表现的内容必须与预期的结果相符，并且能够说服别人。对于中间的结果来说，不宜采用过于完美的最终方案式的表现形式，因为从外部形式来看，这与当前的工作进度不符。更重要的是那些没有经过深入推敲而表面上看起来完美的设计往往带有许多致命的硬伤，这样的表现图拿给具有丰富经验的领导或客户进行讨论时，容易遭到否定，从而使一个本来非常优秀的设计在初期阶段就被扼杀在萌芽之中。

经由方案评估筛选后留下的产品设计方案就可以绘制比较精细的设计表现图了，从形式上看；是对已基本定案的产品设计的形态、色彩、材质、肌理进行正确、精密的描写，是让任何人对设计表达的内容都一目了然。从某种意义上讲，已经可以称得上是展示用的设计表现图，如果再适当地配上文字说明，客户就能够完全理解设计师的意图（见图3.32）。这就成了一种非常本质、非常纯粹的设计表现手法了。值得一提的是，随着计算机硬件性能的提升与软件技术的发展，很多设计软件可以提供类似传统工具的使用体验，设计师可以在计算机上用自己熟悉的“手绘”方式来绘制数字化的设计表现图。数字化技术的飞跃给设计师们带来极大的便利，技术的进步在一定程度上减轻了设计的纯技法性工作，可以让设计师将更多的精力放在对于设计构想的思考与发展上。当然，这些都属于外因范畴，重要的还是设计师如何把握自己在设计进程中的位置与理解设计的本质意义。

图3.32　SONY数码相机的设计表现，在方案确定之后，确定了不同的色彩方案

3.1.6　什么是好的产品设计

什么样的设计才是好的产品设计？

为了解答这样一个问题，我们不妨参考一下国际工业设计联合会对于“工业设计”给出的如下定义。

目的：设计是一种创造性的活动，是为物品、过程、服务以及它们在整个生命周期中构成的系统建立起多方面的品质。因此，设计既是创新技术人性化的重要因素，也是经济文化交流的关键因素。

任务：设计致力于发现和评估与下列项目在结构、组织、功能、表现和经济上的关系：

（1）增强全球可持续性发展和环境保护（全球道德规范）。

（2）给全人类社会、个人和集体带来利益和自由。

（3）最终用户、制造者和市场经营者（社会道德规范）。

（4）在世界全球化的背景下支持文化的多样性（文化道德规范）。

（5）赋予产品、服务和系统以表现性的形式（语义学）并与它们的内涵相协调（美学）。

设计关注于由工业化——而不止是由生产时使用的几种工艺——所衍生的工具、组织和逻辑创造出来的产品、服务和系统。限定设计的形容词“工业的（industrial）”必然与工业（industry）一词有关，也与它在生产部门所具有的含义，或者其古老的含义“勤奋工作（industrious activity）”相关。也就是说，设计是一种包含了广泛专业的活动，产品、服务、平面、室内和建筑都在其中。这些活动都应该和其他相关专业协调配合，进一步提高生命的价值。

详细解读这个对于设计的定义，我们可以发现，“设计”被放在了一个人与人造物之间的桥梁位置。“创新技术人性化的重要因素”,直接将设计定位于人与技术问题的中间媒介。在这个定义中，以人为中心的系统体系被提升到一个核心的位置。“工业化”而不是“生产时使用的几种工艺”，意味着我们所面对和需要考虑的不仅是某一项具体的技术或设备，而是一种社会形态或体系。设计所需要建立的“多方面的品质”，解决的是与人的行为方式以及情感有关的问题，而不仅是技术上或是功能上的问题。

所谓好的设计，是指符合特定时代潮流（趋势）、审美要求、功利要求，并具有代表性（典型性）或者共通性（恒常性）的设计作品。好的之所以经得起时间的考验，原因有三：一是达到了空前的高度；二是有绝后的效果；三是上升到了理性，有长远的指导意义。好的设计，可以说是一面反映时代变迁的镜子。不同的时代有各自不同的流行产品。流行的产品有三种形态。一种是时兴（fad）——一时兴起，这是一个时期特有的流行现象。如曾经风靡一时的传呼机、呼拉圈等。第二种是热潮（boom）——一时盛行，它是与时兴有一定联系的流行现象。如流行的汽车造型不仅在汽车本身，其他的商品如手机、家用电器等造型设计均受其影响。第三种是趋势 (trend)——潮流、方向，它是有某种价值观形成的一个时代的流行现象。如从功能主义中派生出来的“后极简主义”，从Apple的ipod音乐播放器到摩托罗拉v3刀锋手机，这种在极简的功能主义设计中融入一些感性的因素，迎合了都市人群对简约生活的诉求，成为工业设计发展的新趋势。而这些带有趋势性的产品在演绎为社会潮流的同时，通过商品将时代与社会生动地表现出来。我们可以通过某个时代普及的商品，看到那个时代的历史，这就是我们认为的好的设计。

特别应指出的是，过去的20世纪是一个现代工业的时代（the Modern Age）。在这个工业文明的时代，现代工业设计作为大工业生产的产物，经过多次设计思潮和运动的洗礼，逐步摆脱了传统风格的羁绊开始走向成熟，现代主义设计由此诞生。现代主义设计从科学技术的进步中汲取力量，严格遵循大工业生产的原则，同时借鉴现代艺术的视觉元素，并把现代艺术的视觉元素作为表达现代主义设计的精神与宗旨的视觉语言。这些现代设计的理论和实践先驱往往来自于建筑界，甚至他们本身就是功绩卓著的建筑设计大师，如米斯·凡德洛、柯布西耶、格洛佩斯等。这些大师抱着为劳苦大众而设计的理想，逐步把设计的焦点从建筑向工业产品转移，由于这些大师既有深厚的理论功底，又积极投入设计实践，从而极大地促进了现代工业设计的发展。正是由于这些大师的不懈努力，使现代主义设计成为20世纪设计的主流，并对以后的设计产生了积极和深远的影响。在这些大师设计的作品中有许多已经超越了时代，不仅是那个时代的标志性物品，甚至经久不衰，至今仍在生产。如意大利的维斯帕摩托车，又如德国大众牌的甲壳虫汽车，再如美国的可口可乐汽水瓶，等等，这些产品已经不再是寻常的器物，它们已经伴随了几代人成长，成为维系千千万万人美好回忆的纽带，这些产品就从一个时代的流行产品变成了跨越时代的好的设计。

3.2 设计表现图的透视原理

透视（perspective），原意为透过玻璃来观看景物，其实质是研究怎样在平面上表现立体的事物。透视学，即是在平面上研究如何把看到的物象投影成型的原理和法则的科学。

当我们站在一条直且长的马路上通常会有这样的视觉感受，马路两边的电线杆或大

树由近及远在逐渐变矮，直到消失，那么在生活中也常会感觉近处的物象大，远处的物象小，其实这些在我们眼前所呈现出来的现象本身就是一种透视现象（见图3.33）。

图3.33 马路与电线杆的透视

作为画家、设计师及摄影师都会根据画面的需要，利用透视来突出表现画面的主体内容，丰富其艺术效果。对于产品设计师而言，为了准确地表现出产品的外部形态，必须要把透视原理运用到表现图中（见图3.34）。透视图就是用线条来表现物体远近距离和方位规律的图形。

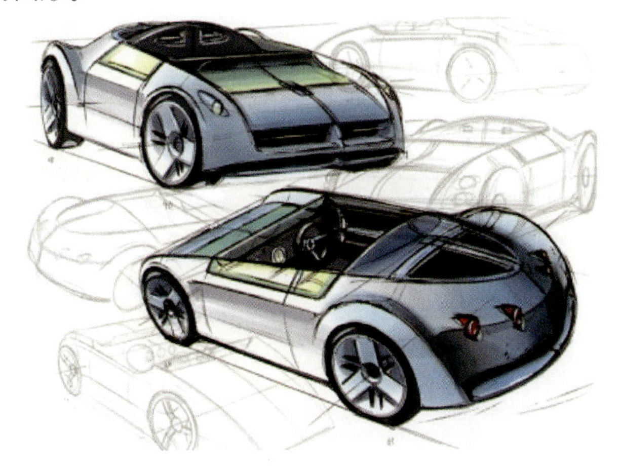

图3.34 工业设计师运用透视法，以准确的形象来预示和介绍新产品

运用透视规律进行表现的技法，是以画法几何学的中心投影法为依据的作图方式。画法几何学是几何学的一个分支，主要研究在平面上绘制空间形体图像的方法，它包括水平投影、正面投影、中心投影等方法。中心投影法即投射交汇于一点的投影法，是绘画理论的基础，在产品表现图的绘制中经常应用。一般情况下，用线来表示立体物的空间位置，加上轮廓中心投影法的运用会使得透视图的立体感增强，尤其是在表现产品效果图时，掌握好透视的规律将十分有助于直观真实地表达出所设计的产品，更有助于很好地表现出产品处在空间中的形体关系。所以掌握好透视原理及制图方法是绘好产品表现图的基础。

在这里主要研究的是线性透视法的运用。线性透视法是欧洲文艺复兴时期的产物，它依据科学规律以再现物体的实际空间位置。最初研究透视时曾以透明的玻璃板放在眼睛前方作为画面，通过这个透明画面去看物像，并依样在这块玻璃板上把物像形状描绘下来，得到的形状就是该物像的透视形（见图3.35）。

图3.35 传统透视绘图方法
作者：丢勒（德）

这是总结和研究物像形状变化及规律的方法，是线性透视的基础。

由于物体相对画面的位置和角度不同，通常在表现时有三种不同的透视形式，即一点透视（又称线性透视或中心透视），两点透视（又称成角透视）和三点透视。一点透视经常表现主立面较复杂而其他面较简单的产品（见图3.36）。两点透视能反映物体几个面的情况，而且可以根据构图和表现的需要对物体进行角度选择。这种透视方法表现的物体立体感强，是在产品设计素描和效果图的表现中应用最多的透视类型（见图3.37）。三点透视在产品设计实践中有应用，但是比较少，在建筑效果图中应用的较多（见图3.38）。

图3.36 符合一点透视的产品表现图

图3.37 符合两点透视的产品表现图

图3.38 符合三点透视的产品表现图

透视的基本术语主要包括：

SP：视点——观察者眼睛所处的固定位置，一张画面只能有一个视点。

VP：灭点——与画面成角度的平行线所消失的点。

H：视高——视点的高度。

PP：画面——在观察者和物体之间的假设透明平面，物体的变化规律在假想的透明平面的反映就是我们要画的透视画面，也就是绘图的纸面。

E：心点——垂直于画面的视线与画面的交点。

EL：视平线——通过心点的水平线。

GL：基线——地面和画面的交界线。

3.2.1 一点透视

画面与物象的正面平行时，灭点只有一个。将一个立方体水平放在地面上，立方体前边的面的正四边分别与图纸的四边平行，立方体顶面朝纵深的平行直线与眼睛的高度一致，消失成为一点（见图3.39、图3.40）。这种透视有整齐、平展、稳定与庄严的感觉。

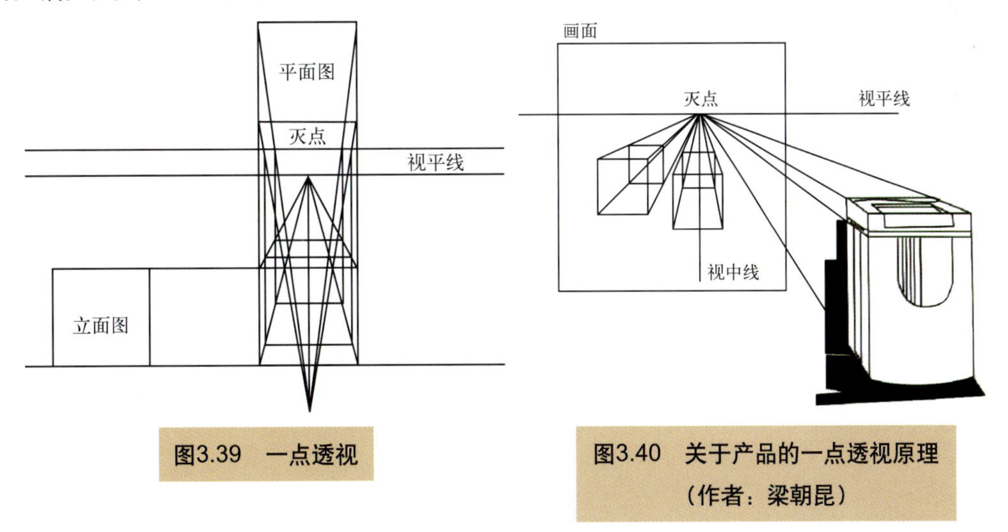

图3.39 一点透视

图3.40 关于产品的一点透视原理（作者：梁朝昆）

一点透视画面中在观察者面前的所有水平线和垂直线均是平行关系。站在铁道上顺着枕木向前看时，就是一种平行透视。当一个人置身于环境的中心时，高于视平线的向下消失，低于视平线的向上消失，心点周围的一切物体的边线，都集中并消失在此点上（见图3.41）。

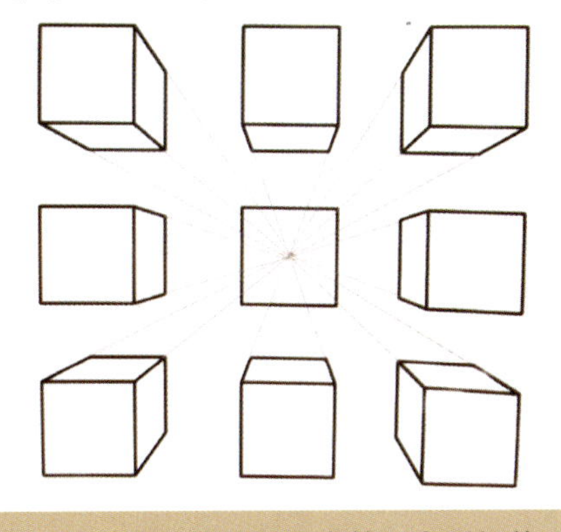

图3.41 立方体不同视点的一点透视关系

3.2.2 两点透视

两点透视又称成角透视。我们通常能看到的立方体的三个面相对于画面倾斜成一定的角度时，延长立方体往纵深方向的边并产生两个消失点，这就是两点透视。在这种情况下，两点透视的画面中只有一组线平行，它们都是垂直于地面的线。这时正方体中与上下两个水平面相垂直的平行线由于透视的原因也产生了长度的缩短，但是这些垂直线永远平行，没有消失点，其余方向的线均是近大远小消失线的关系（见图3.42）。这种透视在构图表现物像视觉上富有变化。

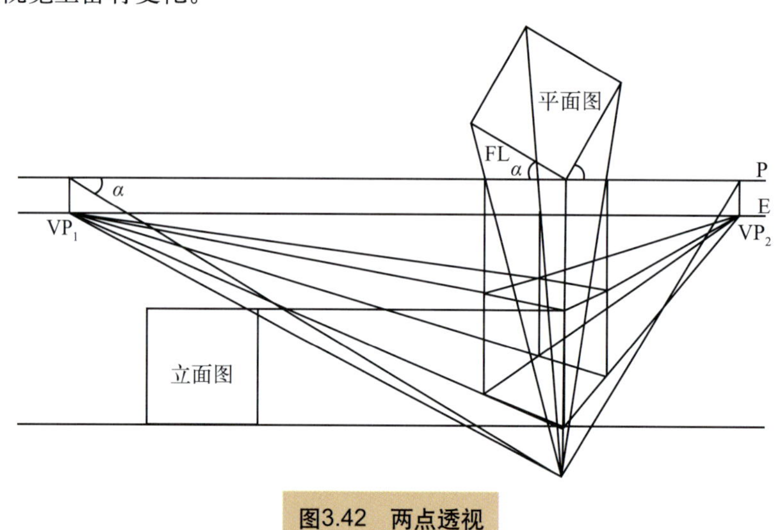

图3.42 两点透视

两点透视比较全面的反映了物体几个面的状态，可以根据构图和表现的需要有目的地对角度进行选择，尤其在产品设计的表现图中是应用的比较多的（见图3.43）。在绘制产品的透视图时，一般都是凭借感觉徒手在画，这时要求精于掌握和运用透视原理及法则。

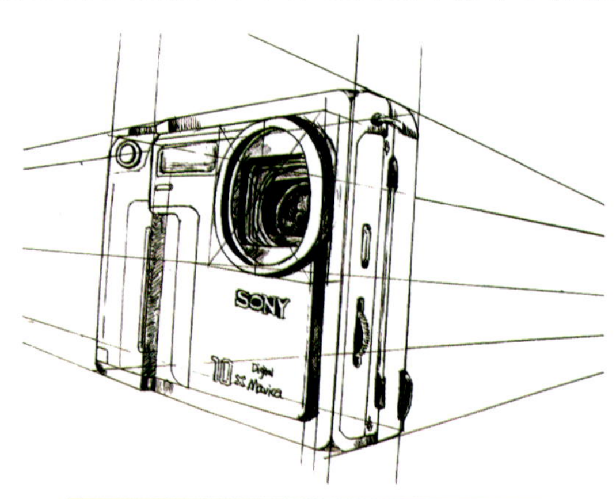

图3.43 两点透视在产品设计中的应用

两点透视有两个灭点，最好水平方向以30°、60°的角度展开为宜，视平线的高度可依据对象物的表现需要来确定，但一般均以1.6m为普通标准,另外，较理想的视距最好为所看物体的1.5倍（见图3.44）。

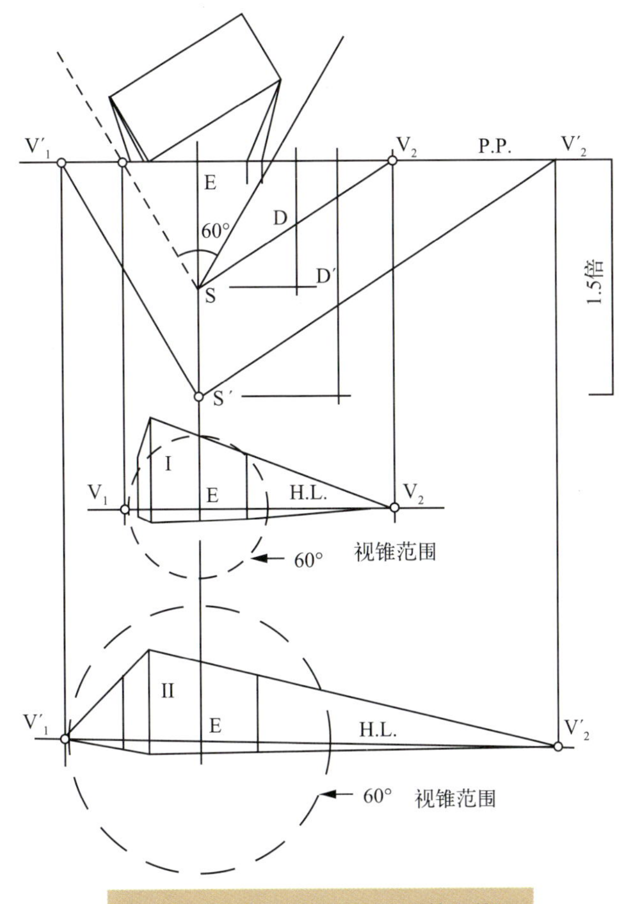

图3.44 不同视距会产生不同的立体型

3.2.3 三点透视

三点透视又称斜角透视。立方体相对于画面，其面的边线都互不平行，并且可以延伸为三个消失点，这就是三点透视（见图3.45）。通常用俯视或仰视的角度去看立方体时就会形成三点透视（见图3.46）。三点透视在建筑设计中多用于表现高层建筑，在产品表现图中也有应用（见图3.47）。

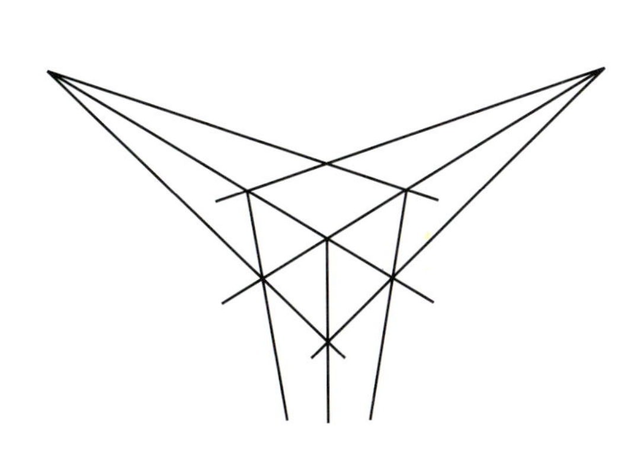

图3.45 三点透视

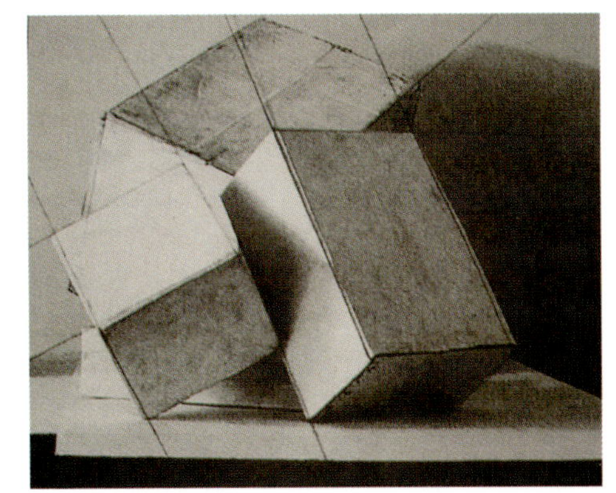

图3.46 现实中立方体所形成的三点透视

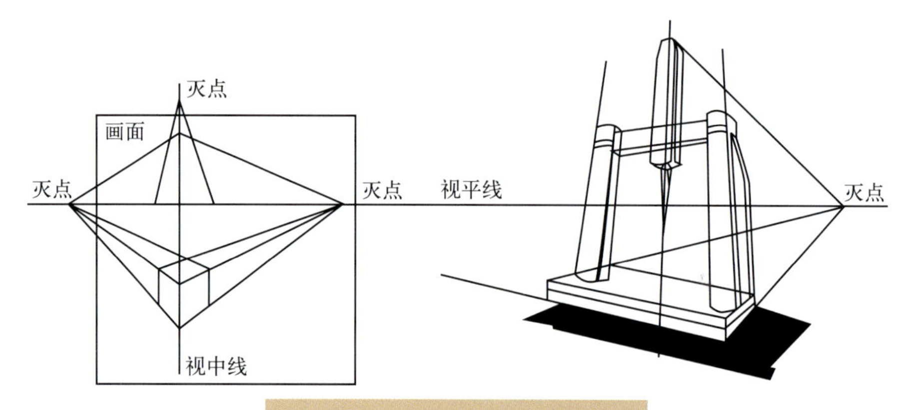

图3.47 关于产品的三点透视原理
（作者：梁朝昆）

下面给大家提几点关于透视在产品设计表现图的绘制过程中要注意的建议仅供参考。

建议一：为了充分表现物体的多个体面特征，作图时尽量把物体放在视平线以下；

建议二：根据产品体貌特征和所要表达的主题面来选择一点或两点透视，并注意选取透视角度，避开失真角，以免形体变形；

建议三：注意结构转折处的透视关系，绘制要精确，结构素描可以帮助大家准确画好透视（见图3.48）；

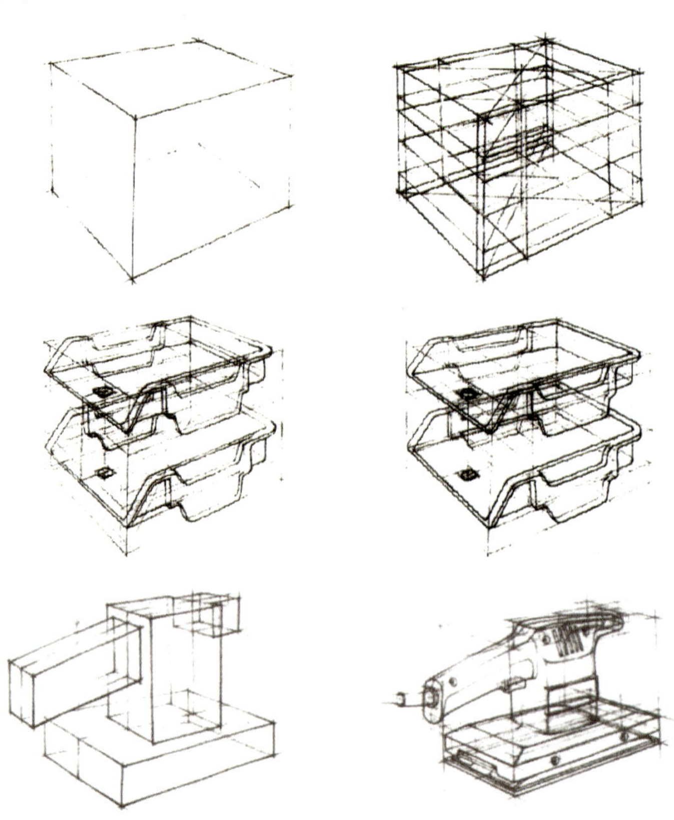

图3.48 结构转折处的结构关系

建议四：处在弧面或斜面上的功能物件（如按键、窗口、附加形体等）及标识、文字都要符合透视关系，否则将脱离该物体表面，出现小件透视与整体透视不相符的错误；

建议五：圆体（包括半圆体）、柱体或异型产品的透视，建议用方体透视作为基础骨架来画出所需形体，这样比较容易画准透视(参照图3.49圆的透视)；

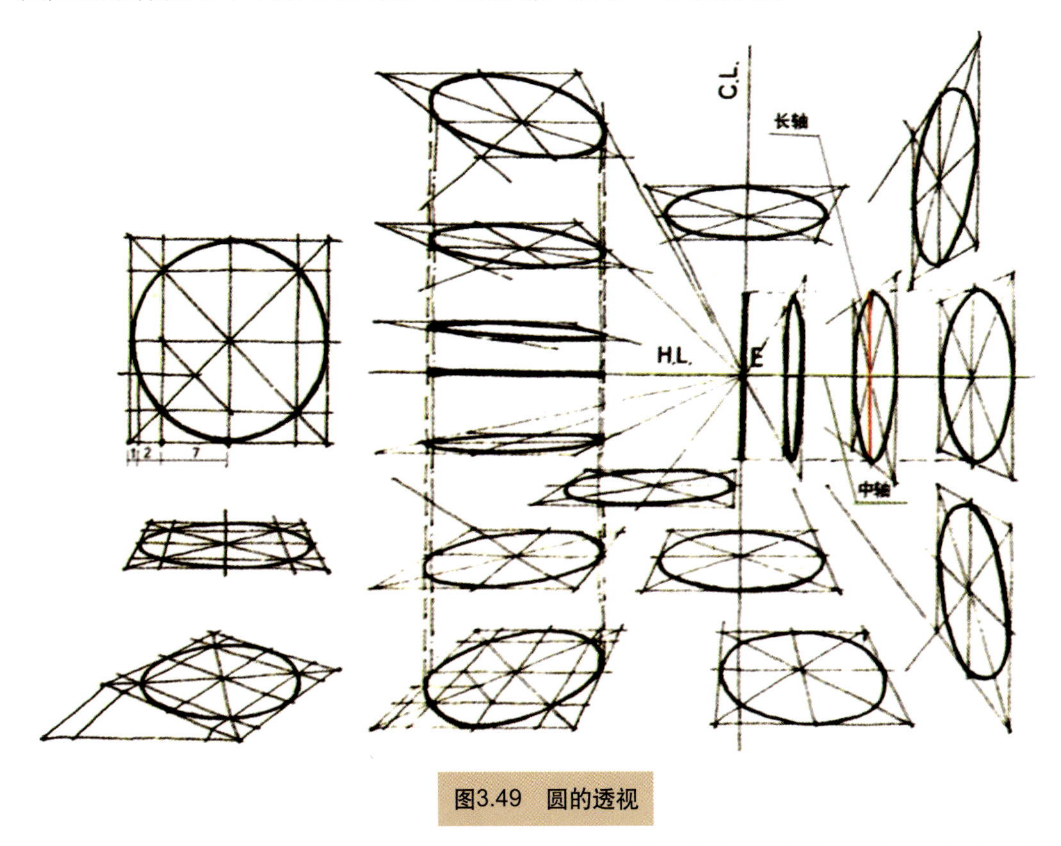

图3.49 圆的透视

建议六：产品透视线条要求流畅（有时大的形体线条交叉处甚至可以画出头、出笔锋），粗细、线面结合运用。运笔要有一定的速度，不能太慢，太慢会影响线条的流畅感。

3.3 产品表现图的作画步骤

产品表现图作为产品设计师与其相关人员沟通的主要语言之一，具有很强的直观性，能清晰、准确、自然地传达自己的构思，所以得心应手是每个设计师在绘制表现图时的追求。产品表现图具有一定的复杂性，但并非神秘莫测，只要按照一定的方法技巧进行适当训练，即使以前没有接触过它，也能画得很好。作为初学者，应当把表现技法看做相对独立的教程尽可能实践表现技法的所有细节，尝试各种工具材料，才能在今后的设计工作中熟练地加以应用。

产品表现图的表现技法根据材料和工具的不同有许多类型，在这里只给大家讲解几种常用的方法，读者可以根据自己的习惯和喜好在以后的实践过程中灵活应用。

3.3.1 单色铅笔的表现技法步骤及图例

铅笔工具简单方便，容易涂擦，初学者常用其练习产品造型的表现，它可以生动地表现产品的体积感。在进行单色铅笔的表现时，常使用一只削得尖尖的铅笔勾线后，在线稿的基础上涂抹出明暗和光影效果，然后再深入刻画。如果素描基础好，很容易掌握。下面就以照相机的绘制为例介绍其画法步骤，如图3.50、图3.51、图3.52、图3.53、图3.54所示。

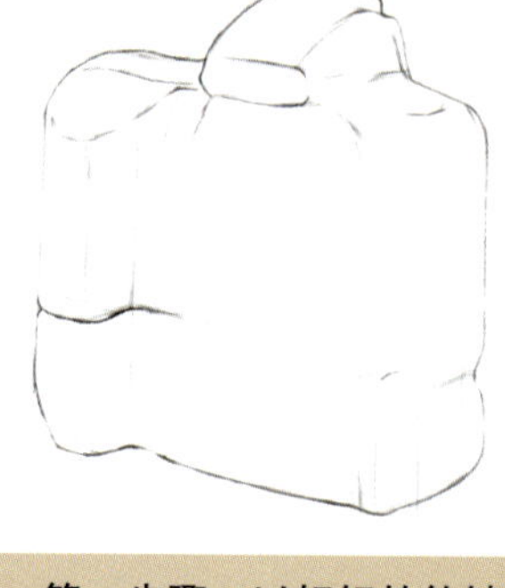

图3.50 第一步骤：以轻轻的笔触画出照相机机身外部的轮廓，主要把握其造型特征与透视

图3.51 第二步骤：加强外部轮廓的塑造，进一步画出细节的特征，并把镜头的形状位置和投影的位置确定

图3.52 第三步骤：深入刻画细节，强调轮廓线的虚实关系并画出投影，以增强其空间感，此时一张照相机的单线表现已经完成

图3.53 第四步骤：进行明暗关系的塑造，先用铅笔在需要画暗的面轻轻排线，这与画素描有着异曲同工之处，然后，再用棉签轻轻把调子擦拭均匀，并进一步加深外轮廓线，这样一副具有极强体积感的画面就出来了

图3.54 第五步骤：进行最后调整，主要看细节是否完整，调子是否舒服，如果不够，再加强塑造

工业设计的同学都学过工业设计素描，如果基础薄弱，要加强这个方面的练习。在进行单色铅笔的表现时，要注意铅笔线条的组织和明暗调子的表现，讲究速度和效率，明暗调子层次不必过多，要强调反差。其他图例如图3.55、图3.56、图3.57、图3.58所示。

图3.55 汽车的单色铅笔表现
作者：刘慧娜 指导教师：子默

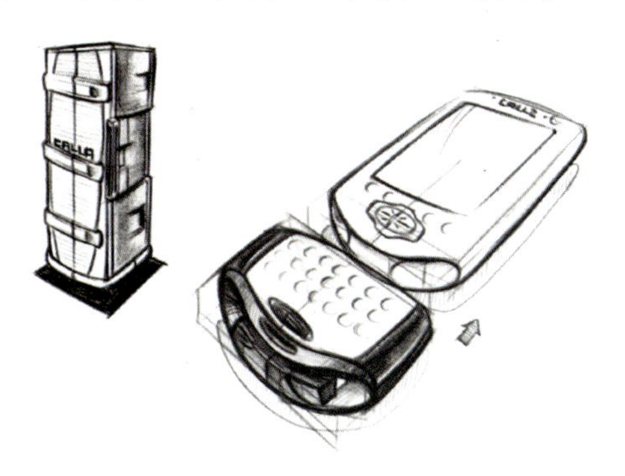

图3.56 铅笔表现示例一
（作者：许琳 指导教师：子默）

图3.57 铅笔表现示例二
（作者：许琳 指导教师：子默）

图3.58 铅笔表现示例三
（作者：许琳 指导教师：子默）

3.3.2 签字笔的表现技法步骤及图例

签字笔虽然没有一些工具表现丰富，但是简单易携，它可以借助于线条的曲直、刚柔、长短、粗细、虚实、疏密等变化生动的再现产品的外部形态。而且在有些表现技法中常借助于签字笔先描绘出产品的大形，然后再用其工具进行整体塑造。下面就以直升机的绘制为例，介绍签字笔的画法步骤，如图3.59、图3.60、图3.61所示。

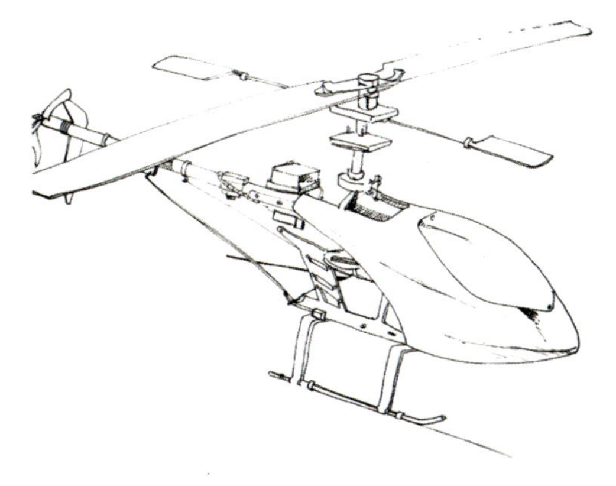

图3.59 第一步骤：绘制外形先分析表现物象的形态，分析各部分的关系，找准它的基准线，以细线描绘出外部轮廓及结构，可以画出几条透视辅助线来帮助造型，线条力求准确、轻快、流畅

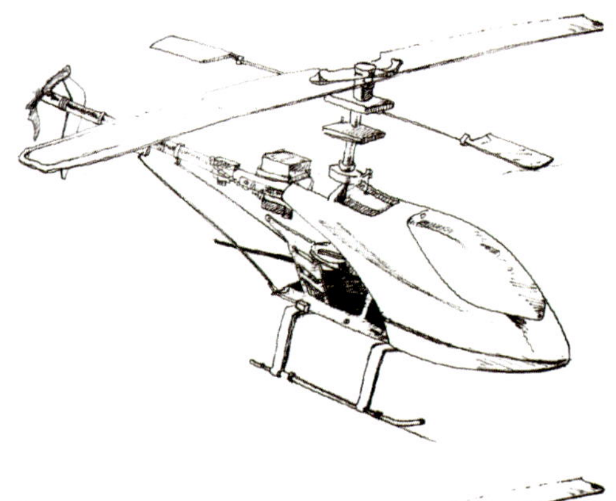

图3.60　第二步骤：刻画细节，再用肯定的线条，重点描绘外轮廓线及丰富细部结构，并分出明暗面，注意线的轻重、虚实

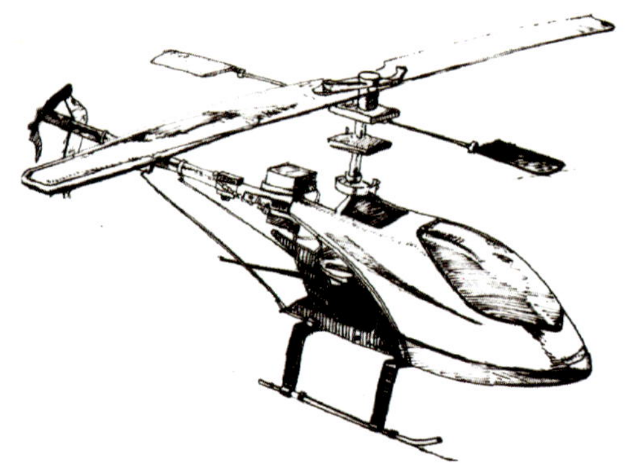

图3.61　第三步骤：画暗部，用排线来画暗部，但是暗部的处理要轻松透气，不要全部涂黑，使其有些调子变化，使整个画面对比强烈，不呆板

第四步骤：调整并完成设计。主要看看画面的黑白灰关系是否合理，细节还有没有需要完善的地方。用美工笔进行产品表现图的绘制时，处理方法与签字笔基本相同，只不过美工笔可以画出较粗的线条。值得一提的是，线是比较能表达感情的一种视觉表现元素，可以借助线的魅力来表现产品的质感、体积感、空间感等造型因素，好的用线可以使所表现的物体具有强烈情感。

其他图例如图3.62（a）、（b）、（c）、（d）、（e）所示。

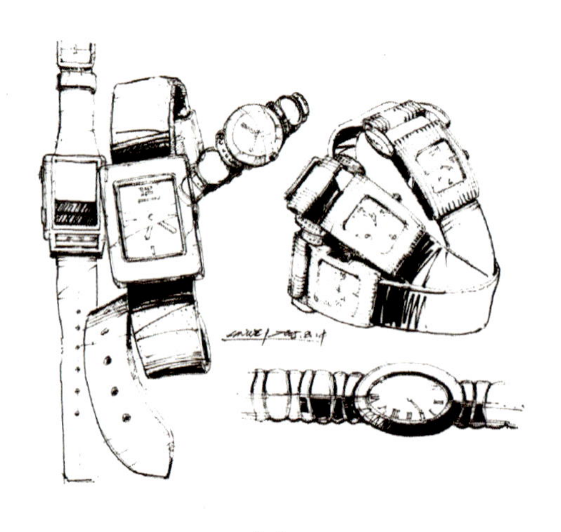

(a)

(b)

图3.62　示例（五幅图由林伟绘制）

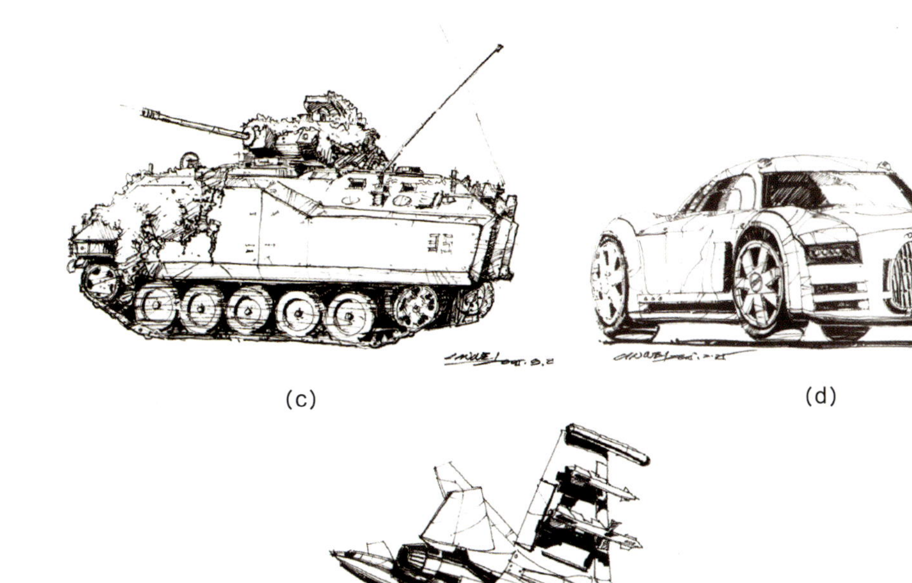

(c) (d)

(e)

图3.62 （续）

3.3.3 彩色铅笔的表现技法步骤及图例

彩色铅笔的色彩丰富，质地有软、硬及水溶性和非水溶性、油性和油溶性之分，是类似铅笔表现技法的一种描绘工具，在刻画细部和处理整体关系上，有较好的效果。彩色铅笔容易掌握，作图轻松，且易于修改，只是色彩不够饱和，对比度不强，视觉冲击力比较弱，常与其他工具结合使用，提升其表现力。下面以照相机和汽车的绘制为例介绍彩色铅笔的画法步骤：

1．照相机的画法（见图3.63、图3.64、图3.65、图3.66）

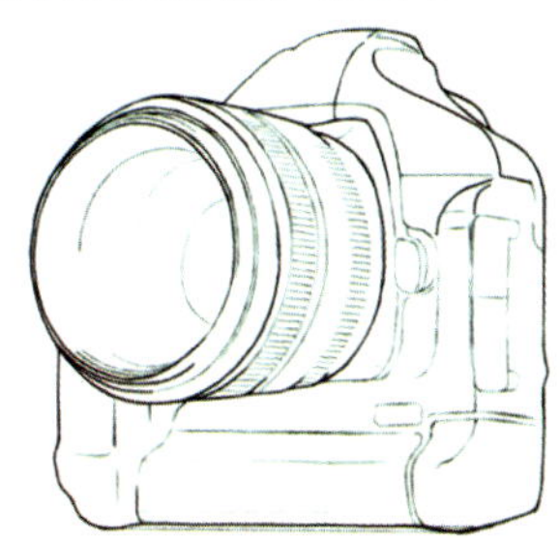

图3.63　第一步骤：先用深色的彩色铅笔徒手勾画出物体的轮廓稿（必要时用签字笔肯定其轮廓线），起稿时需注意物体的虚实变化及空间层次

图3.64　第二步骤：对物体着色。用彩铅快速均匀地排线，力度均匀，逐层加深，留出物体的高光，加深暗部的颜色，增强物体的对比

图3.65　第三步骤：加深物体空间形体的表现，加强颜色的对比度，注意运笔的力度及方向，可用棉球涂擦，柔和对象亮部，用橡皮提出物体的高光，增强其空间感和层次感

图3.66　第四步骤：深入刻画物体，用深色的彩色铅笔进一步肯定地加强物体的结构线及细部，并用白色铅笔提出物体的高光，最后再调整整体关系

2．汽车的画法（见图3.67、图3.68、图3.69）

图3.67　第一步骤：先用和车身色调接近的铅笔，勾出汽车的外部轮廓与细节

图3.68　第二步骤：用比车身固有颜色明度低的彩色铅笔画出车身的明暗关系

图3.69　第三步骤：整体塑造汽车，加重暗部，并调整好中间层次的色调向高光部分的过渡

其他图例：如图3.70所示。

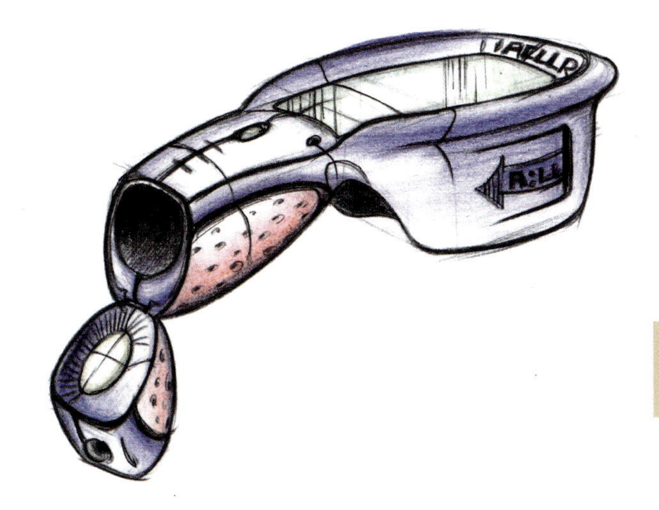

（a）示例一

（作者：张俊玲 指导教师：子默）

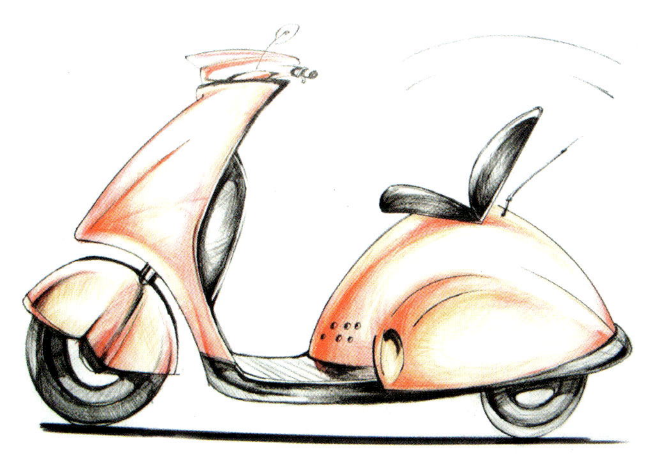

（b）示例二

（作者：刘博 指导教师：子默）

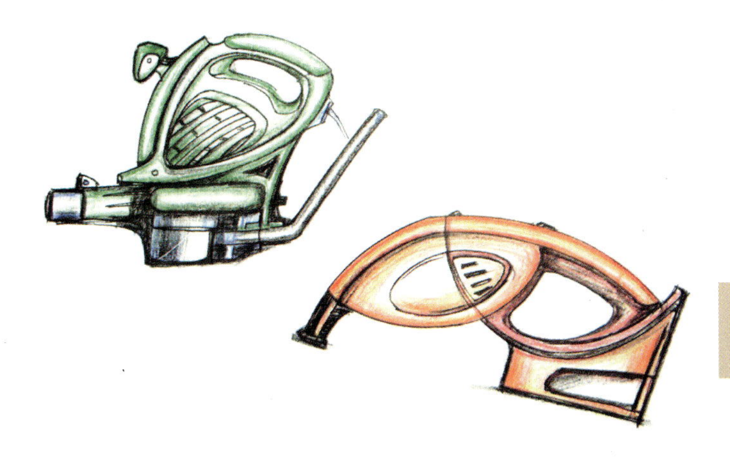

（c）示例三

（作者：徐瑶 指导教师：子默）

图3.70 彩色铅笔画法示例

（由北京工业大学耿丹学院工设062班同学提供 指导教师：子默）

彩色铅笔的表现较为好控制，绘图时先轻笔表现出大致形态，再用笔确定最后图形基调，可以较为轻松表现形体的明暗关系及产品本身的色彩关系。

3.3.4 马克笔的表现技法步骤及图例

马克笔由于其色彩丰富、作画快捷、使用简便、表现力较强，而且能适合各种纸张，省时省力，因此在近几年里成了设计师们较为喜爱的一种表现方法。马克笔分为油性笔和水性笔两种，水性笔易和其他水性颜料混合使用，笔触独特，色彩清淡。油性笔不溶于水，并且对纸的渗透力强，颜色浓重。马克笔色彩丰富，作画时应注意配合，最好准备一个色系。马克笔将软硬、干湿两种介质的笔类和色彩溶为一体。但是使用时要注意色彩不易修改，着色最好先浅后深。下面以汽车的绘制为例介绍马克笔的画法步骤。

1．用签字笔起草稿子（见图3.71、图3.72、图3.73）

图3.71 第一步骤：绘制线稿，线稿阶段注意一定要把体现形体结构的线画好、画准、画到位。画线稿时不一定面面俱到，有时可以省略一些线不画，余下部分用马克笔上色来补充完成，在起稿时要注意形体的透视关系

图3.72 第二步骤：上色塑造形体，上色阶段可以先画浅色后画深色，也可以反之。塑造形体时应注意笔触的运用，特别是亮面处的笔触一定要画得放一些、概括一些，甚至可以静心设计一下笔触的方向、长短、深浅等。此阶段的上色以塑造形体为主，颜色以物体固有色为主，相应辅以同类色过渡

图3.73 第三步骤：加重暗部与提亮亮面和高光，此阶段非常关键，物体的黑白灰关系表现是否充分主要靠加重与提亮来体现

2．用黑色铅笔起草稿子（见图3.74和图3.75）

（a） 第一步骤

（b） 第二步骤

图3.74 第一步骤：用黑色彩铅勾出车的大形，及细部结构；

第二步骤：强化大型及结构，加上投影，注意线的虚实变化

图3.75 第三步骤：用不同灰度色彩的马克笔塑造车身，注意用笔要有速度感，高光与反光部分要留出白来，车灯与车轮要透气，最后再用蓝色表示天空来烘托主体

要注意以下几点：

（1）加重部分主要指物体的暗部或投影，上色时应注意重颜色的倾向性，例如物体的固有色偏暖，那么加重部分的颜色要与固有色相协调，在画暗部和投影时最好要画出层次，即透气，不应所有暗部全是黑色；

（2）马克笔提出高光时要有所侧重，有时可以预留出高光，再加提高光点时要注意不能太多。

（3）最后阶段：调整完成。重点整理图面的整体效果，把需要补充修改的地方再画到位，注意检查一下构图是否均衡完整，色彩是否协调，黑白灰关系是否理想。

其他图例：如图3.76～图3.85所示。

图3.76 示例一
（作者：孙虎鸣）

图3.77 示例二
（作者：林伟）

图3.78 示例三
（作者：林伟）

图3.79 示例四
（作者：何俊 指导教师：子默）

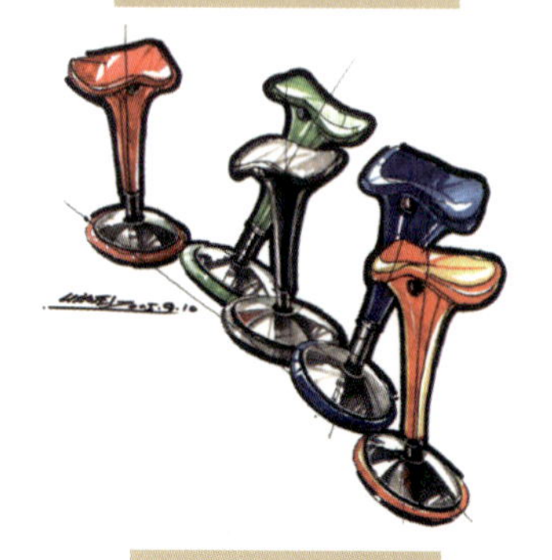

图3.80 示例五
（作者：林伟）

图3.81 示例六
（作者：林伟）

图3.82　示例七
（作者：何俊 指导教师：子默）

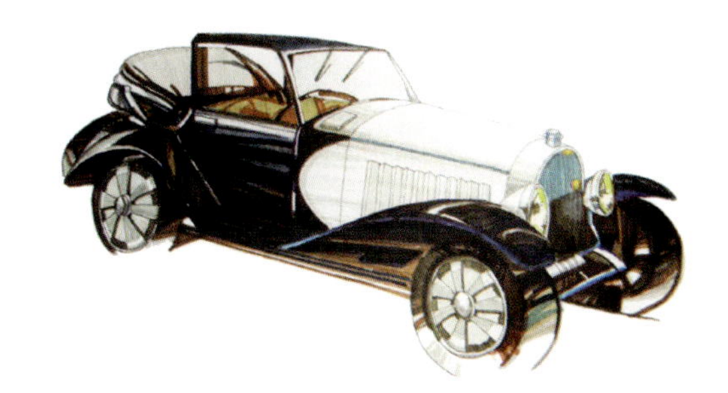

图3.83　示例八
（作者：付婧 指导教师：子默）

图3.84　示例九
（作者：何俊 指导教师：子默）

（a）沙发的设计表现一

（b）沙发的设计表现二

（c）沙发的设计表现三

图3.85　沙发设计示例
（作者：付婧 指导教师：子默）

设计表现和纯绘画不同，它强调客观、真实，具有明显的实用性。强调明暗对比与固有色，在用马克笔塑造形体前，常借用其他工具起线稿。

3.3.5 彩色铅笔加马克笔的表现技法步骤及图例

彩色铅笔与马克笔都是产品设计师们常用的表现工具，两种工具放在一起使用。

（1）可以弥补马克笔在表现产品细部微妙变化与过渡自然方面略显不足和不宜表现的大面积色块的不足。

（2）可以弥补彩色铅笔色彩不够饱和，对比度不强的缺点。所以将马克笔与彩色铅笔结合使用，表达效果更为强烈。下面就以汽车的绘制为例介绍此种画法步骤，如图3.86、图3.87、图3.88和图3.89所示。

图3.86　第一步骤：先用签字笔把产品形体的大轮廓及外部结构描绘出来，注意线的虚实关系

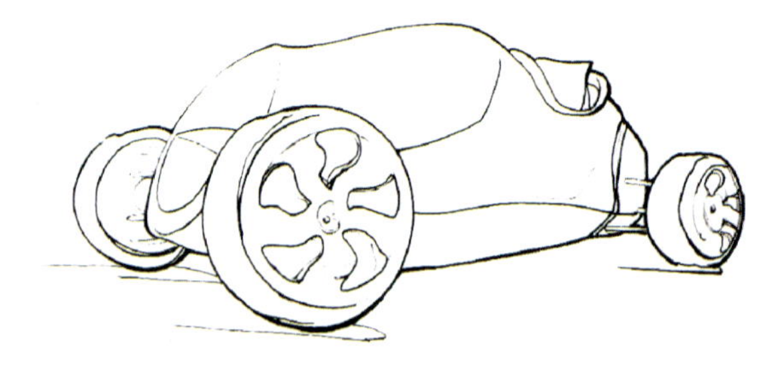

图3.87　第二步骤：用彩色铅笔把产品的大色调及明暗关系表现出来，注意产品的空间与体积关系

图3.88　第三步骤：用马克笔加强暗部描绘及中间色调，增强画面的对比关系，尤其暗部及阴影

图3.89　第四步骤：然后再用彩色铅笔进行最后的调整，用马克笔画出背景色来烘托主体物

其他图例如图3.90和图3.91所示。

(a) (b) (c) (d)

图3.90
（由北京工业大学耿丹学院工业设计062班同学提供 指导教师：子默）

用彩色铅笔与马克笔表现产品时，最好先整体后局部，先画出大的形体关系，再画细节部分。可以先用马克笔后用铅笔，也可以反之。

3.3.6 色粉加马克笔的表现技法步骤及图例

图3.91
（作者：孙虎鸣）

马克笔与色粉都是现代设计常用的工具，可以实现无水作业。但是马克笔在表现产品细部微妙变化与过渡自然方面略显不足，不宜表现大面积色块。而色粉色彩的明度与纯度较低，感觉比较松散。所以很有必要将马克笔与色粉笔结合使用，优势互补，具有更强的表现力，这种技法经常被设计师们使用。下面就以汽车的绘制为例介绍此种画法步骤，如图3.92、图3.93和图3.94所示。

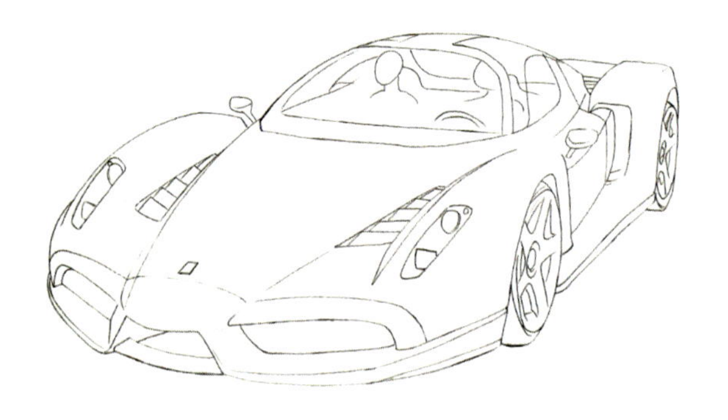

图3.92　第一步骤：先用签字笔把产品形体的大轮廓，及外部结构描绘出来

图3.93　第二步骤：用色粉擦出产品的中间色调，注意要自然轻松，过渡要柔和

图3.94　第三步骤：用马克笔把暗部的色彩关系表现出来，并擦出高光部分，示例如图3.95、图3.96所示

图3.95　示例一（作者：徐波）

图3.96　示例二（作者：刁鬼）

在用色粉加马克笔进行产品形体塑造时，要抓住大的视觉效果，保持钢笔稿的原始味道，上色要简洁、利落，画风要不拘一格，达到意想的效果。

3.3.7 半透明纸的表现技法步骤及图例

这是一种比较特殊的表现技法，利用硫酸纸半透明的特点，正背都可以上色。在背面的图形与色彩从正面看，明度与彩度都降低了，从而使画面有一种朦胧感，再于正面进行加工处理，使图画更加变化微妙、层次丰富。这种画法过渡柔和自然，画面气氛渲染效果好，非常适合色彩层次细腻的产品表达。

此种表现技法一般要与马克笔、彩色铅笔结合起来应用，下面就以卡通电子摄像头的绘制为例介绍半透明纸的画法步骤，如图3.97、图3.98、图3.99和图3.100所示。

图3.97　第一步骤：用深色铅笔在正面把产品的外部轮廓画出，用笔要轻松自如

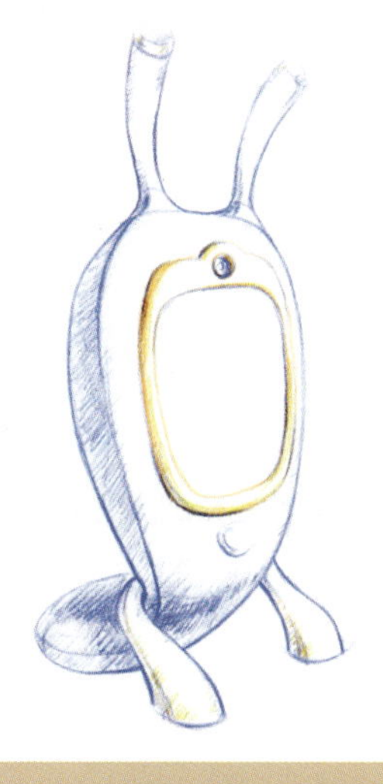

图3.98　第二步骤：加深产品的外部轮廓，并画出局部细节，用笔要虚实相生

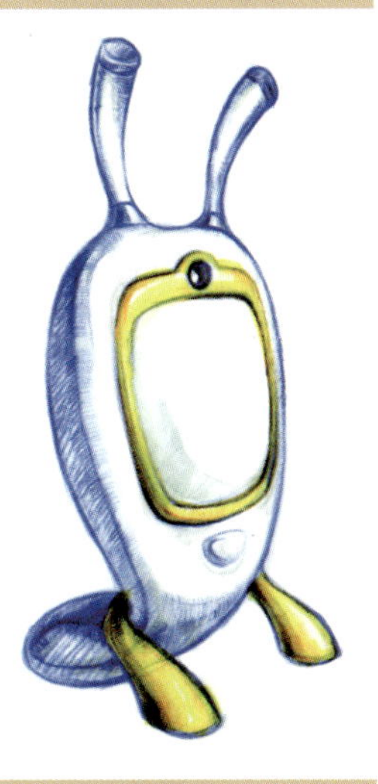

图3.99　第三步骤：深入刻画产品的形体结构关系、明暗转折等，并在背面用马克笔画出局部色彩

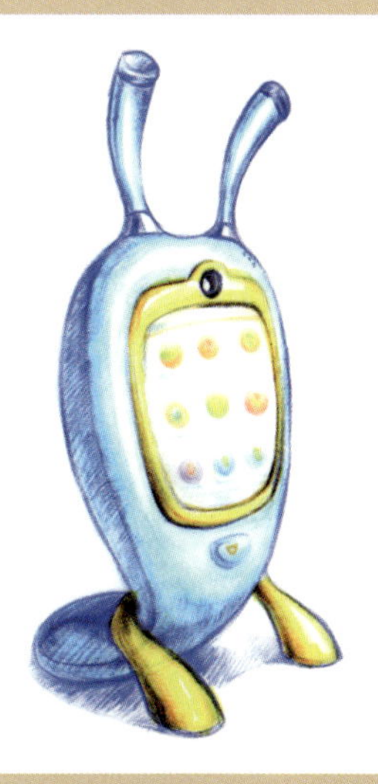

图3.100　第四步骤：再用彩色铅笔在正面进一步刻画、调整，直到完成，效果要自然柔和

3.3.8 有色纸的表现技法步骤及图例

近年来随着造纸业的发展，市面上出现了大量的色彩缤纷、质地各异的彩色纸张，其品质高雅，装饰性强。这给我们的产品表现又提供了许多便利与契机，可以借助有色纸丰富的颜色与质感，来体现产品表现图的不同需求。下面就以越野汽车与对讲机的绘制为例来介绍利用有色纸作为其固有色的画法步骤。

1．越野汽车表现方法（见图3.101、图3.102和图3.103）

图3.101 第一步骤：用签字笔描绘出轮廓，再把画面最深的部分涂上阴影

图3.102 第二步骤：用马克笔进行深一步的刻画，铺上画面的灰调子，并强调其层次变化和明暗对比

图3.103 第三步骤：进行全面调整，深入刻画细部，用白色铅笔及水粉色强调受光面及受光点

2．对讲机表现方法

对讲机的表现方法与越野车差不多，先以结构素描的方法打稿，然后再以明暗表现形体，最后用水粉色提出高光部分，具体步骤如图3.104所示。

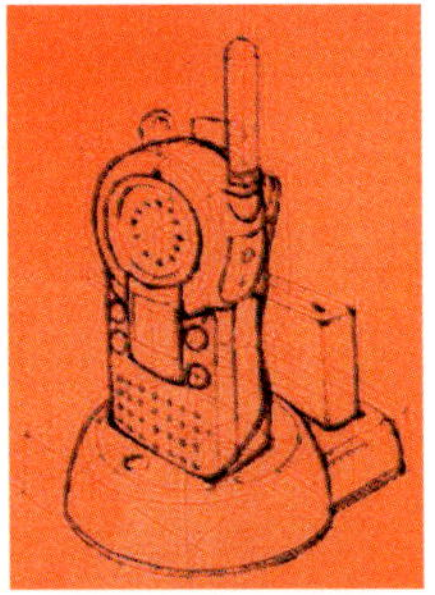
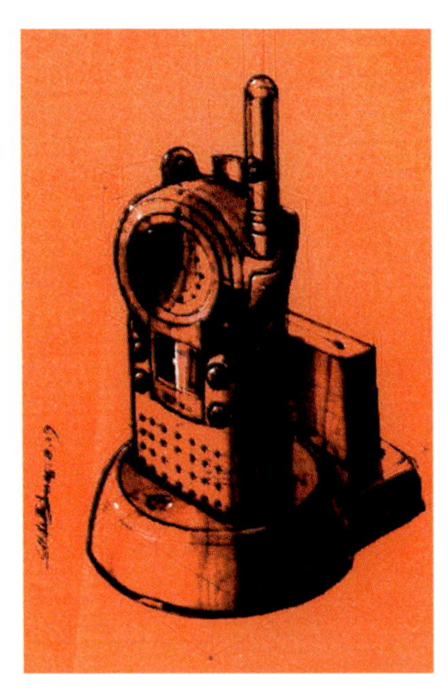
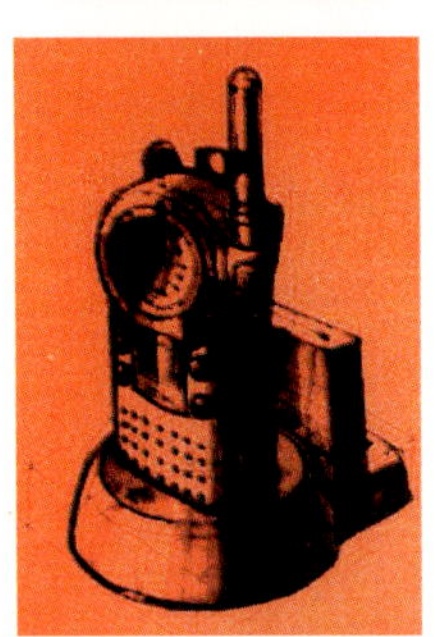

图3.104　对讲机的表现方法

其他图例：如图3.105、图3.106所示。

图3.105　示例一
（作者：林伟）

图3.106　示例二
（作者：林伟）

3.3.9 钢笔淡彩的表现技法步骤及图例

钢笔淡彩最初起源于绘画艺术的钢笔草图或钢笔速写，这种表现方法是用钢笔勾勒出设计产品的结构、造型的轮廓线，然后再施以淡彩，表现出物体的光与影的关系，从而获得比较理想画面的表现图。下面就以望远镜的绘制为例来介绍钢笔淡彩的画法步骤。

图3.107 第一步骤：用钢笔、针管笔或签字笔准确地描绘出望远镜的轮廓结构，然后用毛笔加水彩画出底色，注意体会笔头水分的饱和度，用笔要有速度，并把握画面的虚实关系

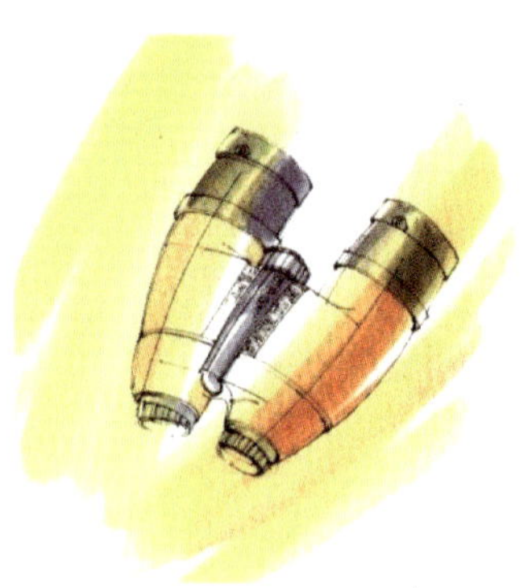

图3.108 第二步骤：对产品进行着色，画出中间层次和明暗关系

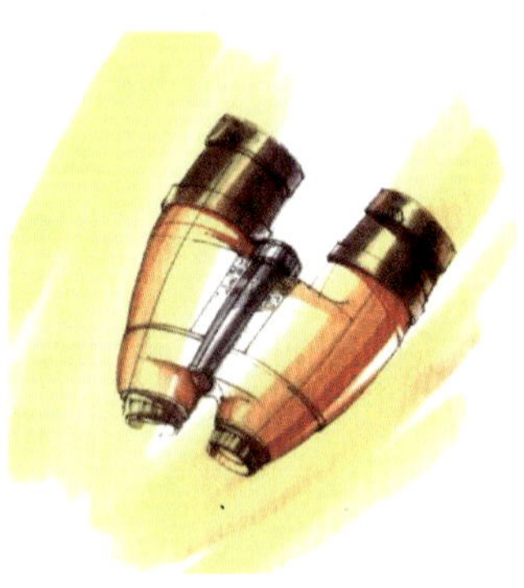

图3.109 第三步骤：刻画产品的细部，使其更具有立体感，使物体表现的更加充分

图3.110 第四步骤：最后调整完成，加强暗部与高光的刻画

3.4 产品设计草图及分类

设计草图是运用图示的形式来发现思维的活动，即是用图示来发现问题，这是创造性思维的第一步。在设计的前期尤其是方案设计的开始阶段，运用徒手草图的方式，把一些模糊的、不确定的想法从抽象的头脑思维中延伸出来，将其图示化，这样便于在最初的、发散的、天马行空式的想象中通过图示这种直观的形象来发现问题，敏锐地把设计过程中随机的、偶发的灵感抓住，捕捉具有创新的思维火花，一步一步再实现对设计要求的不断趋近，如图3.111所示。“这样一些绘画式的再现，是抽象思维活动的适宜的工具，因而能把它们代表的那些思维活动的某些方面展示出来”（鲁道夫·阿恩海姆语）。而且设计草图的随意性、自由性、不确定性也很符合设计初级构思阶段-设计思维的模糊性和灵活性，在创造意味浓厚的构思阶段不能像操作电脑一样，保持精确的数据概念，不能够用明确和肯定的点、线、面来图示，而是要有思维的余地，要有想象的空间，让模糊的概念通过不确定的图示相互之间产生火花的碰撞，从而捕捉到新的灵感，创造出意想之外的新的概念来。

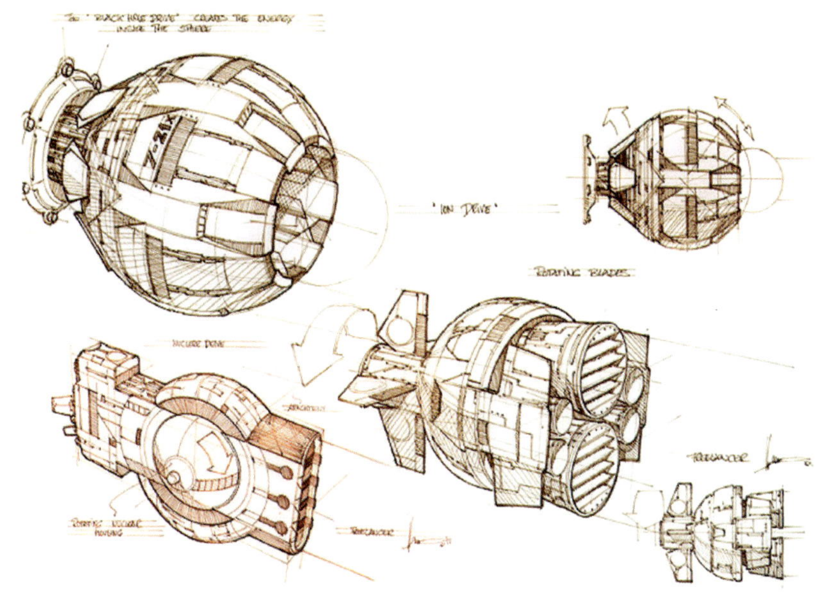

图3.111 设计草图将设计师的抽象思维明确化

从创新能力的培养方面来讲，设计草图训练理论上可以界定为两个阶段（实践中这两个阶段是相互穿插而形成螺旋式的上升趋势）。第一阶段培养初学者对产品造型的基本表现能力，这也是图示思维的介入点，使初学者从习惯性的逻辑思维转向设计性的图示思维。通过对产品形态的分析研究与再现，训练初学者如何通过图形来真实地反映视觉形态，并将这视觉形态通过手眼的协调转化为二维画面的能力。通过反复的对形象的观察、分析、记忆、加工、勾画，训练眼、脑、手相互之间的协调配合能力，达到图示再现的目的。这是图示思维的基础，是基本的技能，也是设计的基础图（见图3.112、图3.113）。

而另一方面，针对设计专业来说，大量对现成的具体对象的描绘可能反而会束缚了大家的想象力和创造力。

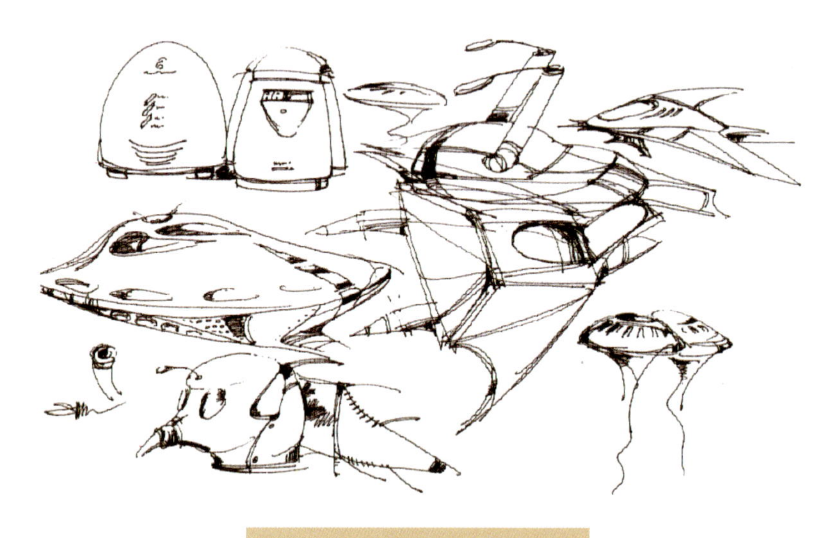

图3.112　设计师对资料的收集

图3.113　设计师对设计“闪光点”的记录

设计专业进行效果草图训练的目的也是为了培养和训练学生观察对象与表现对象的能力，作为后一阶段，更是为了提高学生分析造型、理解造型，进一步发展到创造造型的能力，是对形态创造这一基本设计理念的导入，为以后的设计实践扫除技能和思维上的障碍。头脑里的思维通过手的自由勾画，显现在纸面上，利用这种图示的方式帮助发现问题，而所勾画的形象通过眼睛的观察又反馈到大脑，刺激大脑作进一步的思考、分析和判断，如此循环往复，最初的设计构思也随之愈发深入、具体再完善。可见，手绘设计草图是一种形象化的思考方式，如图3.114所示，是通过视觉思维帮助训练创造能力。在这个过程，不应该太在乎于画面效果，而要注重于观察、发现、思索以及综合运用能力。手绘

设计草图的训练，无疑是培养学生形象化思考、设计分析及发现问题，以及培养学生运用视觉思维的方法开拓创新思维能力的有效途径。

设计草图的意义就在于快速、准确地记录设计构思的发展过程，所以它常常作为设计师同设计伙伴交流和设计委托人之间交流信息的主要手段。这就要求设计师在设计的开始阶段，通过草图清楚地说明和表达自己的设计，以得到别人特别是合作者的理解，这是每一位设计师都应具备的基本表达技能。

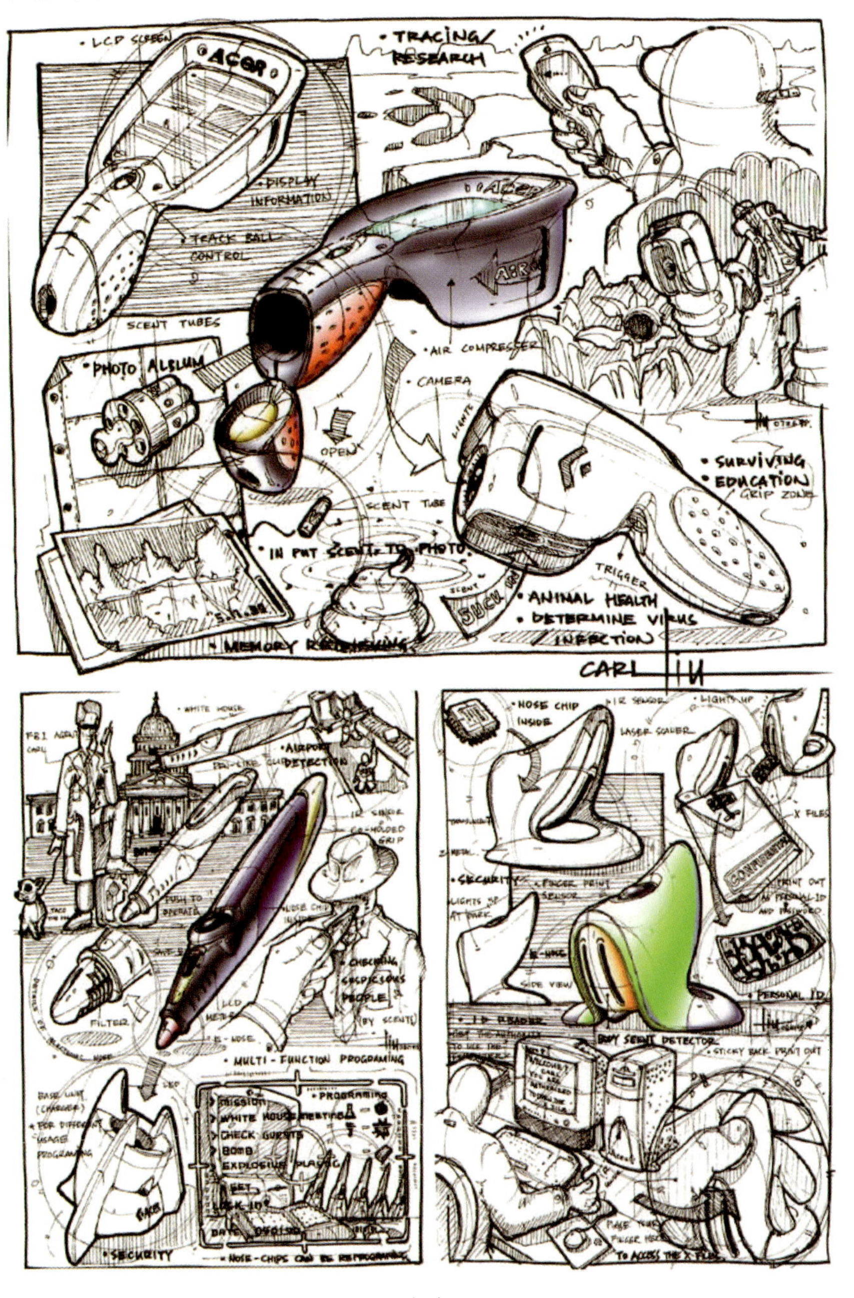

(a)

图3.114 设计草图是设计师思维的轨迹

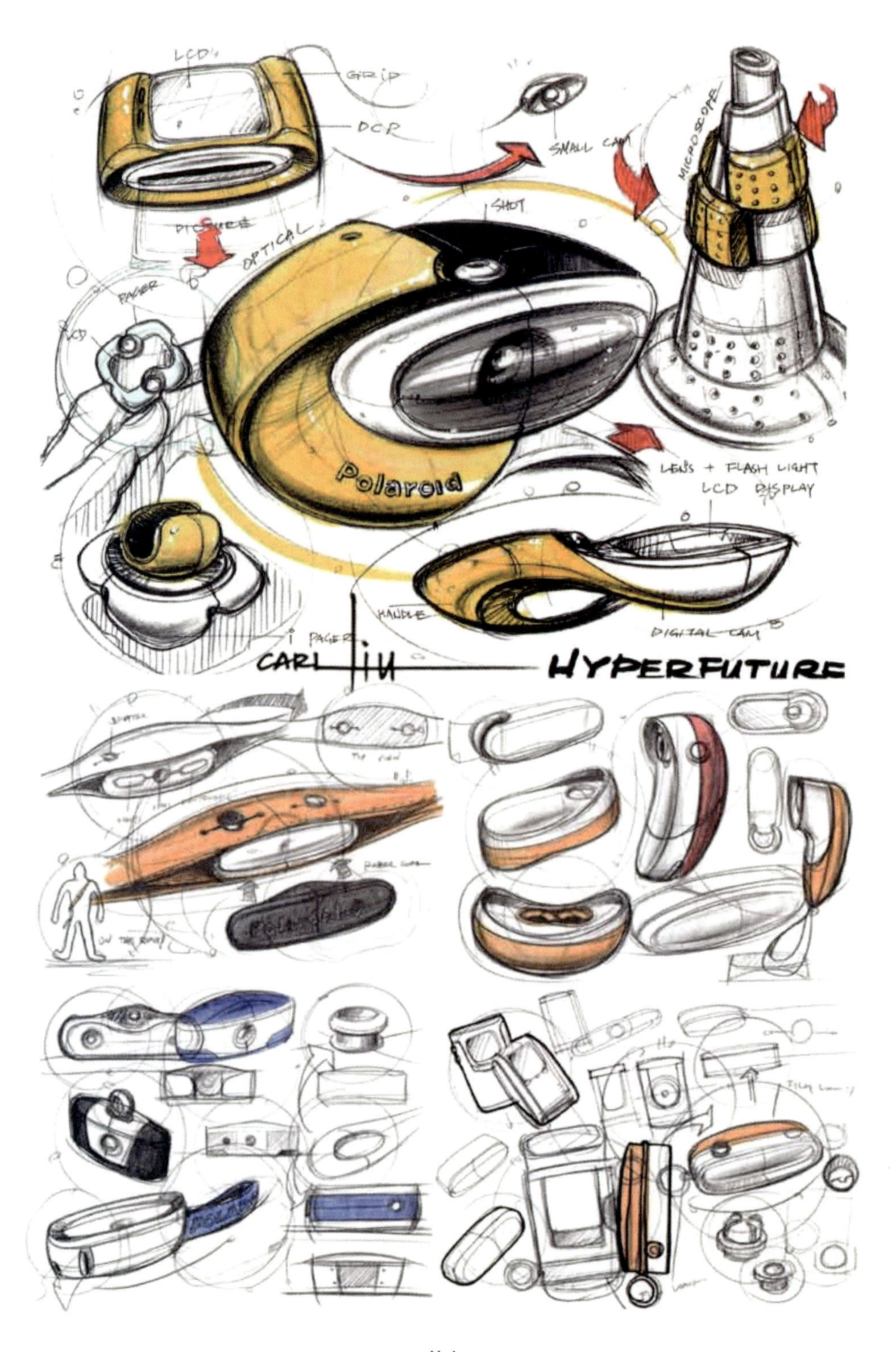
LCD
GRIP
DCR
SMALL CAM
MICROSCOPE
SHOT
OPTICAL
PAGER
Polaroid
LENS + FLASH LIGHT
LCD DISPLAY
HANDLE
i PAGER
DIGITAL CAM
CARL LIU
HYPERFUTURE

(b)

图3.114 (续)

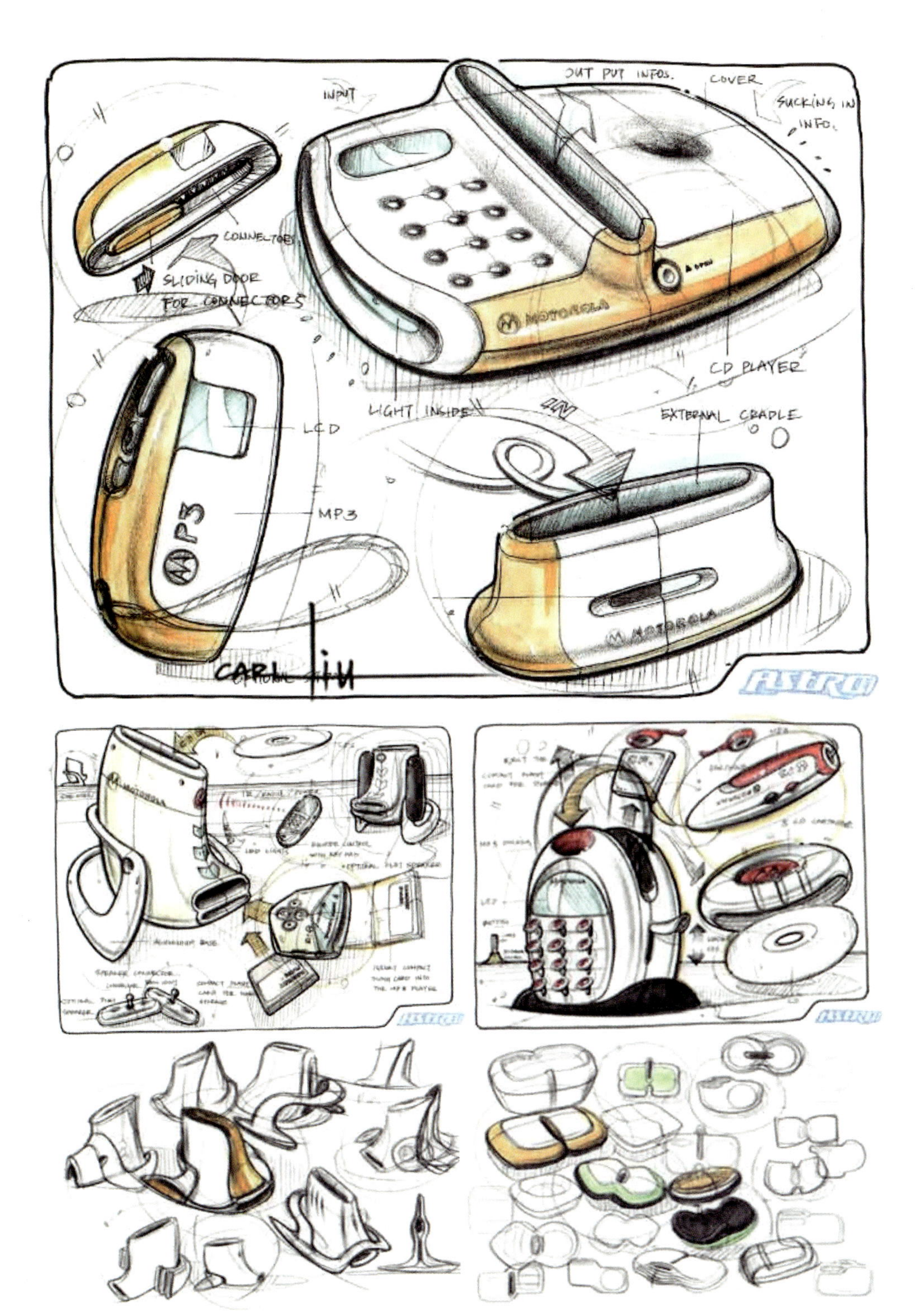
OUT PUT INFOS.
COVER
SUCKING IN INFO.
INPUT
CONNECTOR
SLIDING DOOR FOR CONNECTORS
MOTOROLA
CD PLAYER
LIGHT INSIDE
EXTERNAL CRADLE
LCD
MP3
MOTOROLA
CARL LIU
ASTRO
MOTOROLA
ASTRO
ASTRO

(c)

图3.114 （续）

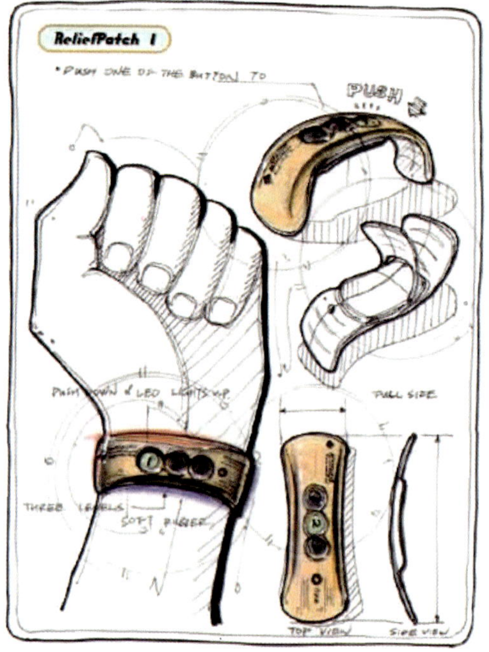
ReliefPatch 1
PUSH
FULL SIZE
TOP VIEW
SIDE VIEW

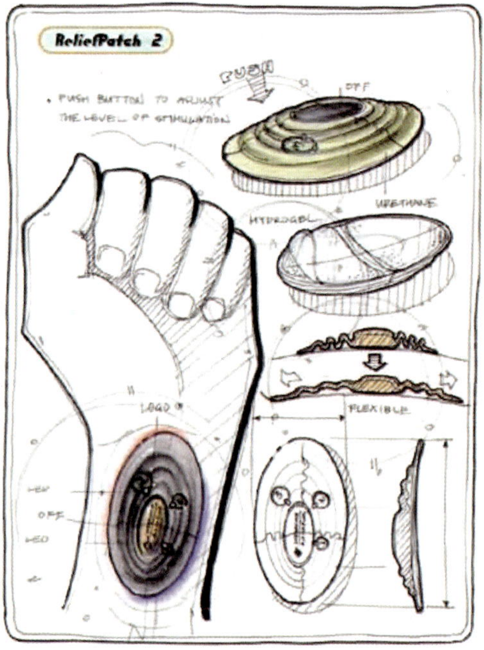
ReliefPatch 2
PUSH
URETHANE
HYDROGEL
FLEXIBLE

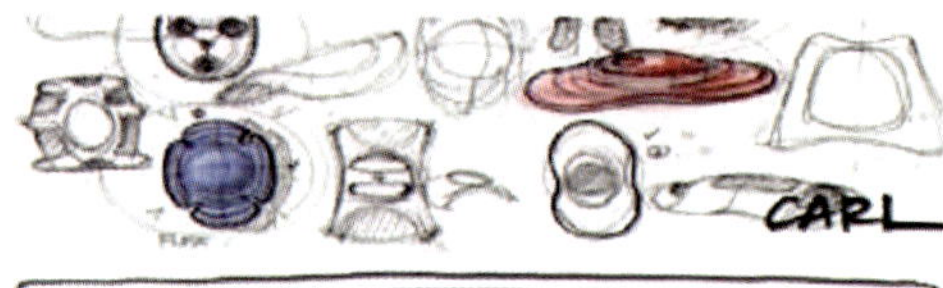

CARL

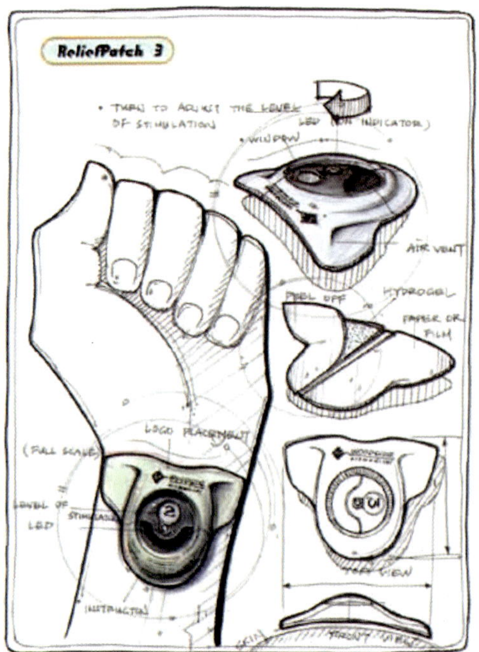
ReliefPatch 3
AIR VENT
HYDROGEL
PEEL OFF
TOP VIEW

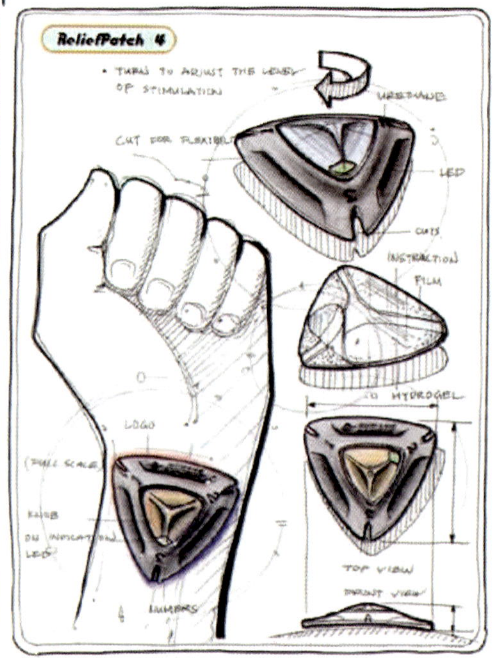
ReliefPatch 4
URETHANE
LED
HYDROGEL
TOP VIEW
FRONT VIEW

(d)

图3.114 （续）

3.4.1 设计草图根据功能和作用分类

由于设计草图有不同的功能与作用，可以根据这个特点将它分为记录性草图（见图3.115）和思考性草图（见图3.116）。

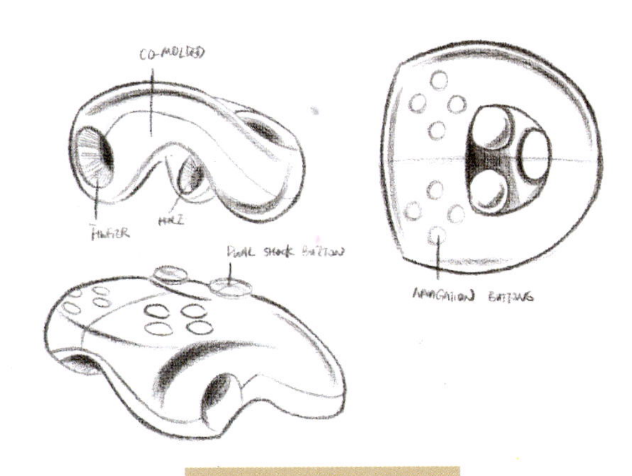

图3.115 记录性草图

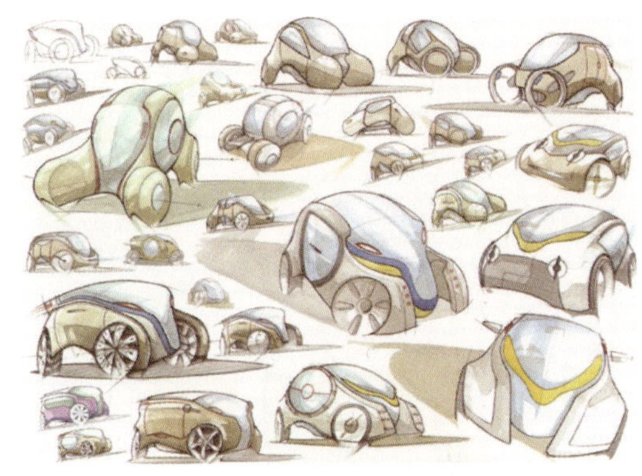

图3.116 思考性草图

1．记录性草图

记录性草图是设计师收集资料与整理设计构思用的。所以草图一般清楚翔实，往往要加入局部的放大图来记录一些比较有特点的细节或结构。这些草图常作为设计师触发灵感的来源，用于拓宽思路，积累经验（见图3.117、图3.118、图3.119）。

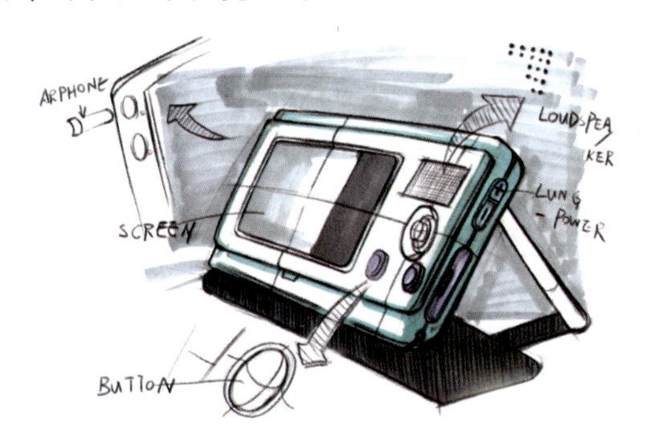

图3.117 草图一

图3.118 草图二

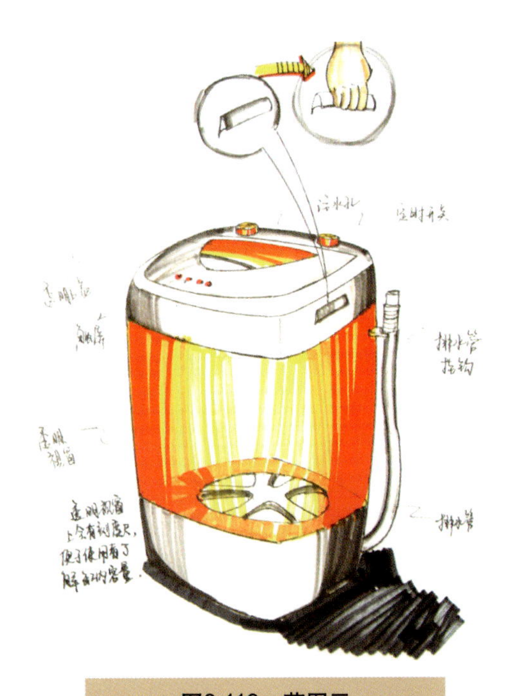

图3.119 草图三
（作者：何俊 指导教师：子默）

2．思考类草图

利用草图进行推敲并将思考过程表达出来，以便对构思进行再推敲再构思，发散性思维就是这样周而复始地展开的。这类草图之所以被称为思考类草图就在于它更偏重于思考过程，一种构思的多种变化往往需要一系列的构思与推敲，而这种推敲不能只靠抽象性思维，要通过一系列图解画面作辅助思考。这种草图不太拘泥于形式，它是设计师对其自身思考的一种整理和分析，是由无序到有序的思维过程，大多数图都比较自由（见图3.120）。

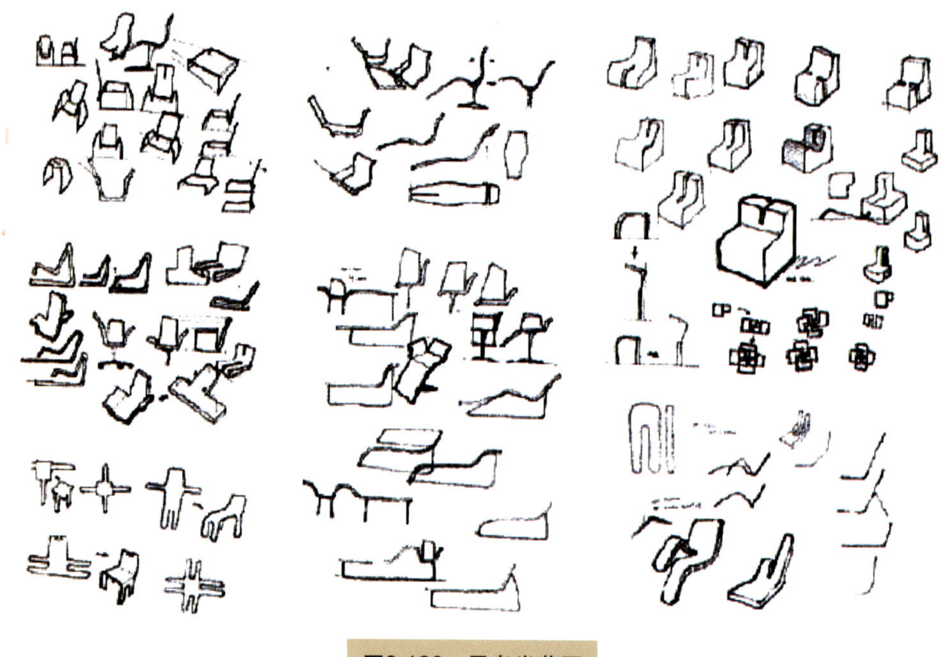

图3.120 思考类草图

美国建筑大师西萨·佩里曾指出“我们一定要学会如何画草图，并善于把握草图发展过程中出现的一些可能触发灵感的线索。接下来，须体验草图与表现图在整个设计过程中的作用。最后必须掌握一切必要的技巧和学会如何觉察出设计草图向我们提供的种种良机。”这段话说明了设计草图的重要性。原发性的构思从一个受过训练的设计师的大脑中大量、快速的涌现，然后通过表现图将这些构思记录在纸上，以便进行评估与再现。和构思速度相呼应，草图记录速度也至关重要，设计师们都希望用最快的速度表达自己的构思。

产品的结构与功能决定产品的外部形态，基本形要符合它的形态特点，根据基本形可以构思并绘制出大量的设计草图。下面简单谈一下它的表现步骤：

（1）确定基本形。产品的各个元素单位决定了基本形的大小。

（2）根据基本形来确定初步构思。根据大量相似的基本形，将构思迅速记录在不同的基本形上，在图面上可以任意增减线条，斟酌不同的思考方案。

（3）确定色彩。用少量的色块初步确定所需的色彩，简单做出各草图的色彩关系。

（4）深入表现。进一步确定形体，加强轮廓和明暗交界线，不断调整，将构思中的形在图面上进一步反映出来，逐步深入表现。

（5）调整完成。此时要突出形体的主要特征，加上暗部与投影，进行细部描绘。对每个形体的整个表现过程一般需要10分钟左右。

在产品设计草图的绘制中，常用线条来分析表现物象，它具有高度概括和灵活的优势，为专业设计提供了较为准确和快速表达的途径。其中线的作用与功能主要体现在三个方面：

（1）从具体的实用目的出发，前面讲过设计草图具有多样性，它有助于灵感闪现的记录。那么线条有灵活、自由、快速、简洁的特点，以便于勾勒物象外部轮廓与内部结构的特征，有利于快速记录设计构思和创意联想，而线条自身富有变化的特性又给设计师在绘制草图时创造了视觉刺激和创意联想（见图3.121）。

图3.121　从实用目的出发的思考类草图

（2）使用不同的表现工具绘制线条会产生不同的形态，可以说线条画的快慢和力度及方向都受情感控制，认知、理解和掌握线性特性，可以帮助学生在创作设计中灵活的运用线条。对线条深入的研究和探讨有助于理解和运用线条的情感功能，丰富设计师视觉表现力的语汇，表达出设计的深层意味，最终设计出触动内心、唤起人们共鸣的产品。

（3）用线条表现物像的轮廓和结构有助于进一步了解物像的结构形态。

其他图例如图3.122～图3.126所示。

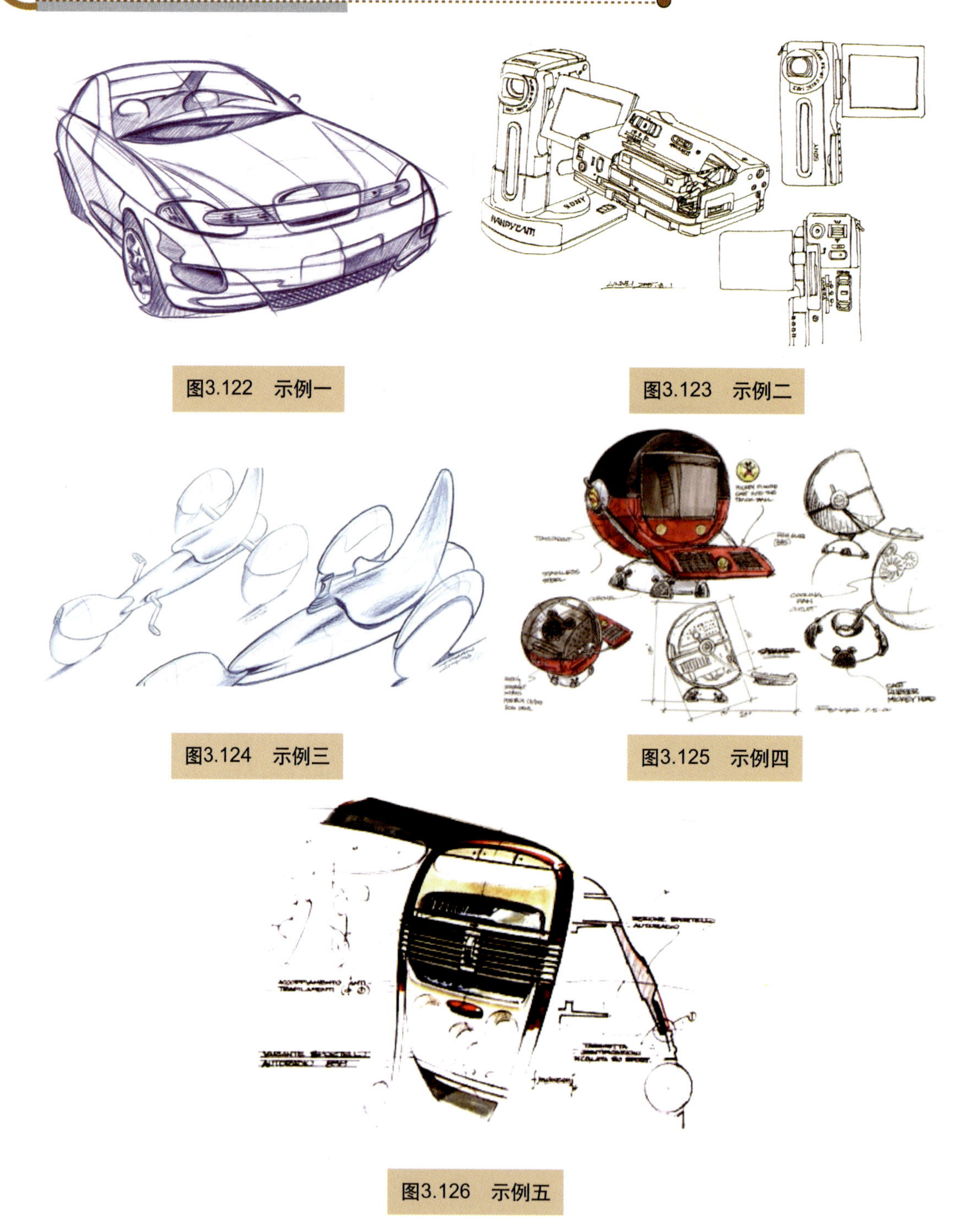

图3.122　示例一

图3.123　示例二

图3.124　示例三

图3.125　示例四

图3.126　示例五

3.4.2　设计草图根据表现形式分类

设计草图按其表现形式可以分为线描草图、素描草图、线面草图和淡彩草图。

1．线描草图（见图3.127）

线描草图主要是以单线的形式来表现产品的基本形体、轮廓和结构。它注重线条的流畅与连贯，是以线条的疏密、曲直变化来表现产品的空间形态与体积特征。线描草图简

练、快捷，表达形式多以徒手画线完成，较为自由，工具常使用铅笔或钢笔、签字笔、针管笔等。

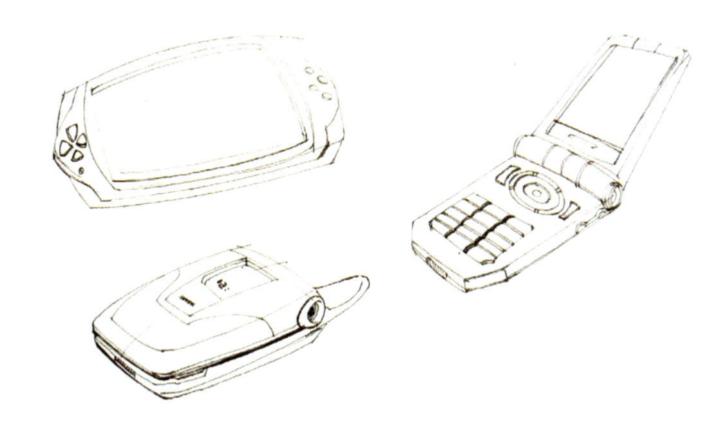

图3.127　手机线描草图

其他图例如图3.128～图3.133所示。

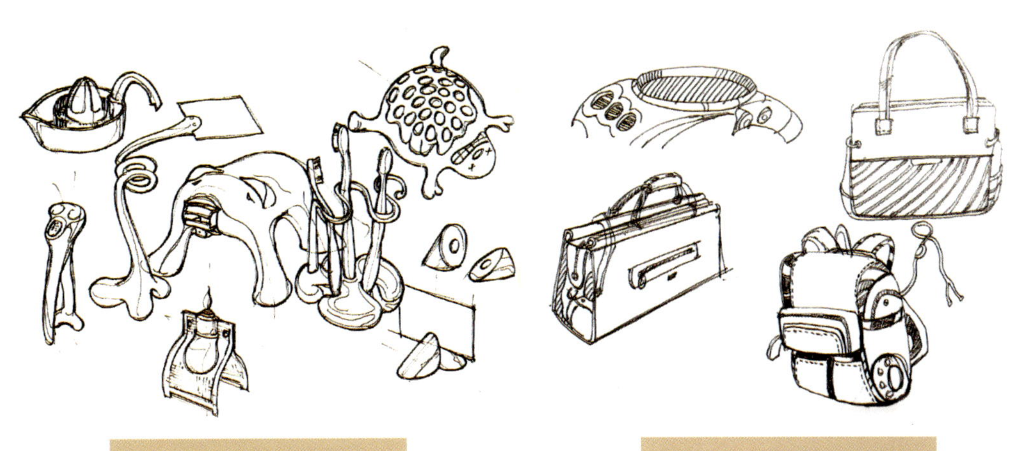

图3.128　线描草图示例一

图3.129　线描草图示例二

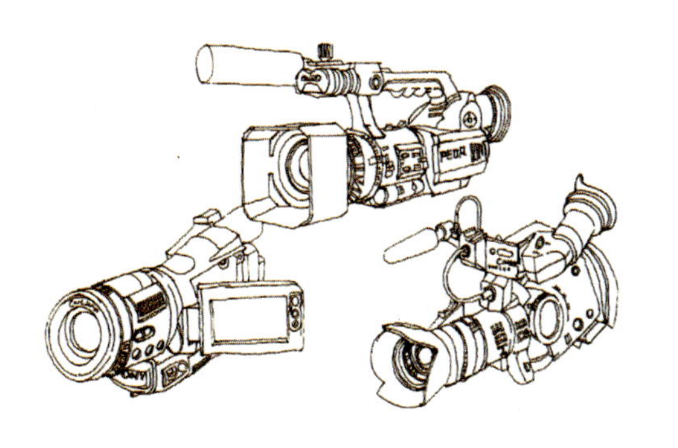

图3.130　线描草图示例三

图3.131　线描草图示例四

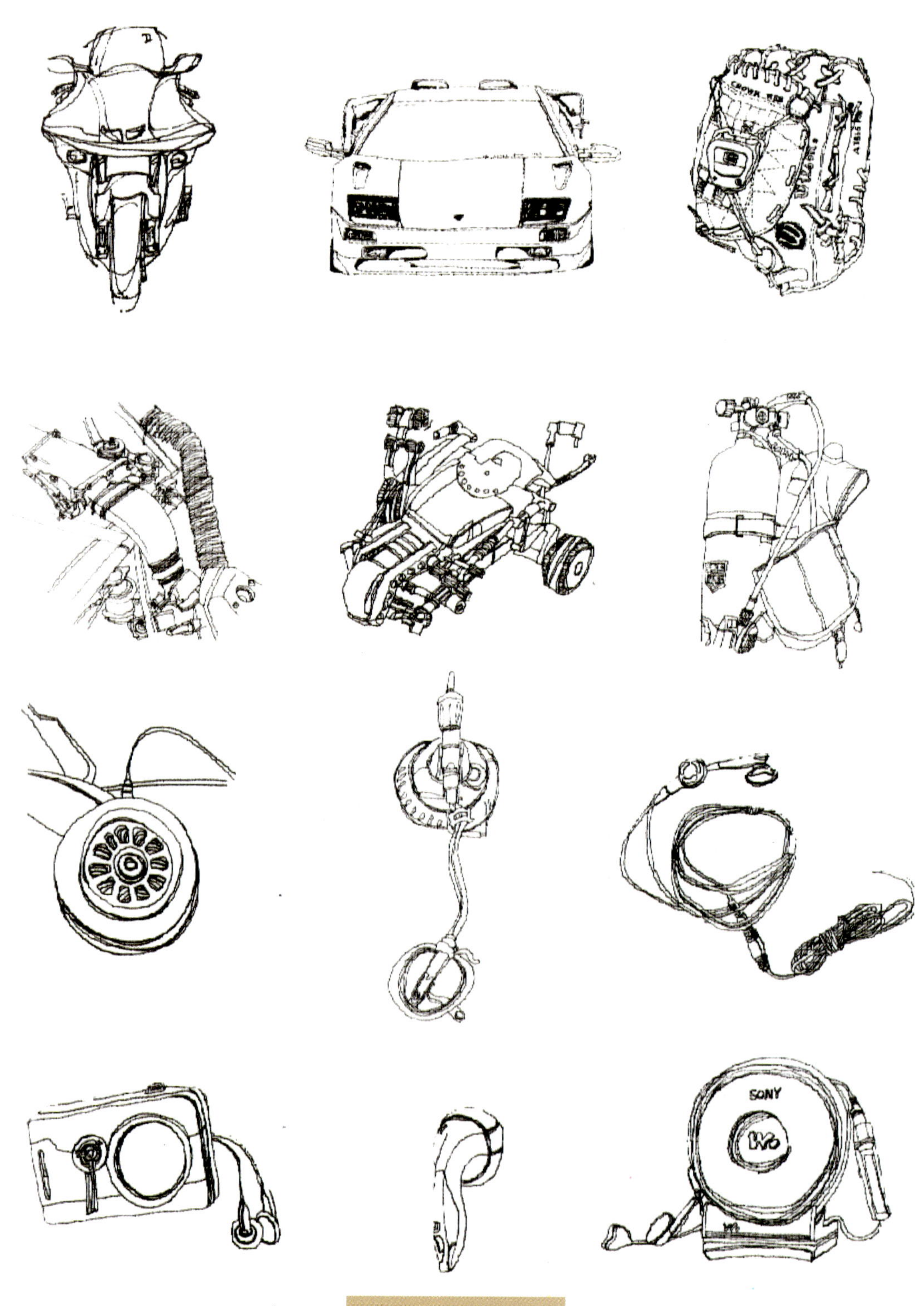

图3.132 线描草图五

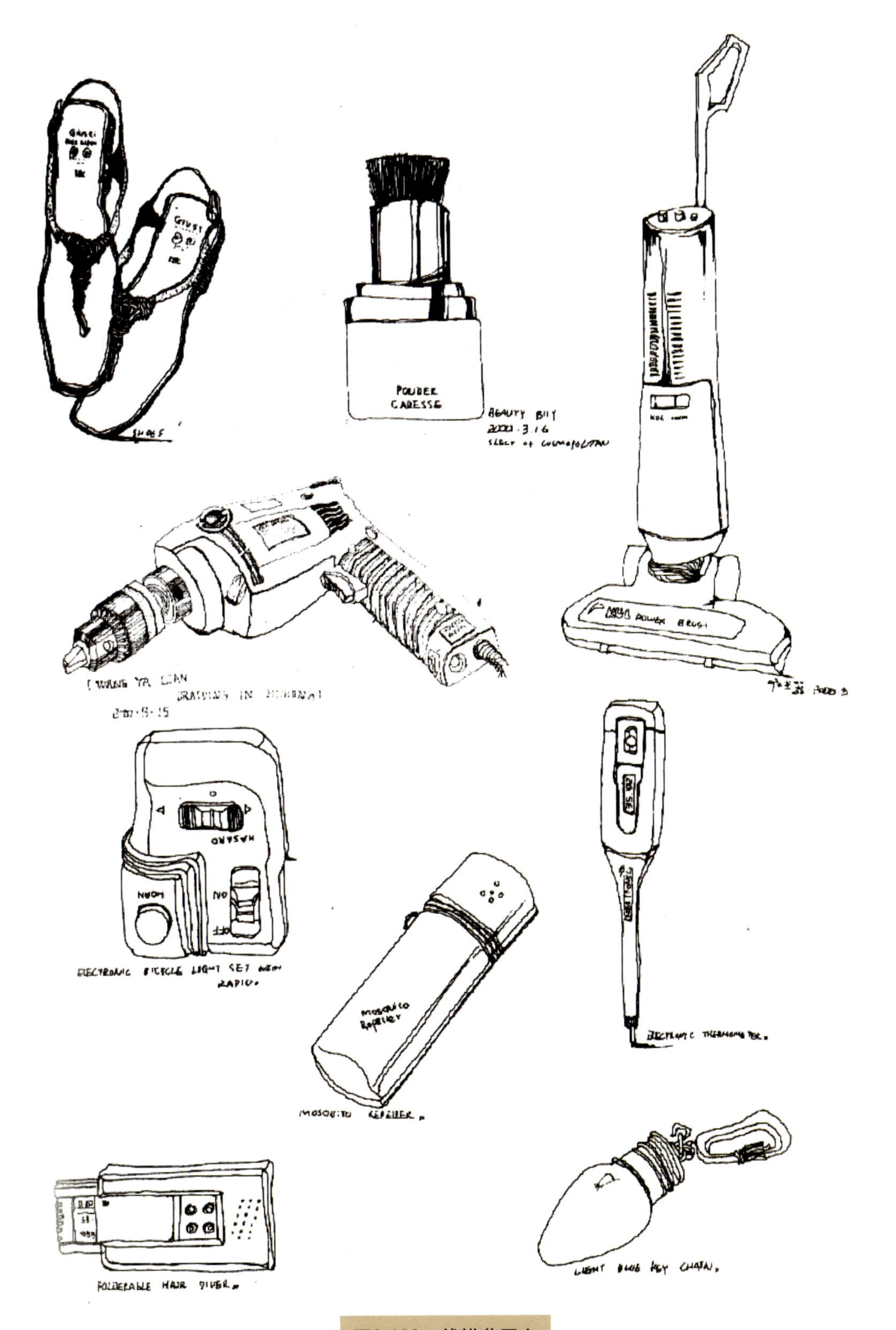
POWDER
CARESSE
BEAUTY BUY
2000.3.16
POWER BRUSH
ELECTRONIC BICYCLE LIGHT SET WITH RADIO.
MOSQUITO REPELLER.
ELECTRONIC THERMOMETER.
FOLDERABLE HAIR DIVER.
LIGHT BLUE KEY CHAIN.

图3.133 线描草图六

2．素描草图

素描草图是在线描草图的基础上，加以明暗变化来表现出形体的素描关系，起到突出产品的对比、空间、层次、体积及质感的作用。用笔的特点比单线草图更丰富，明暗变化的层次更鲜明，有更强的体积感、质感和空间感，面的表现可通过铅笔或炭笔的调子来获得，同时也可以用不同灰度或深浅的马克笔来体现。

例图如图3.134～图3.141所示。

图3.134　飞机素描草图示例一

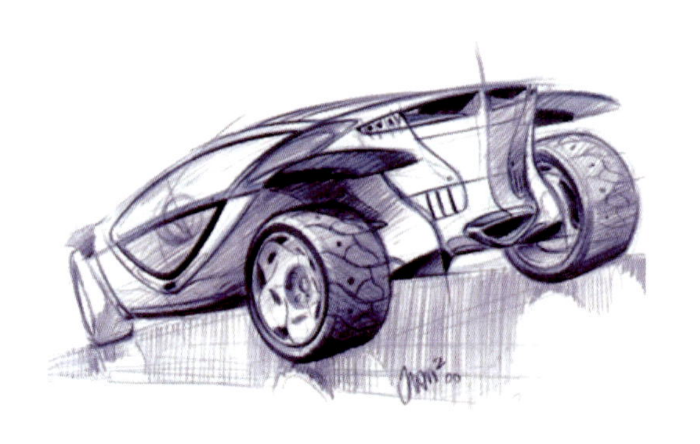

图3.135　素描草图示例二

图3.136　素描草图示例三

图3.137　素描草图示例四

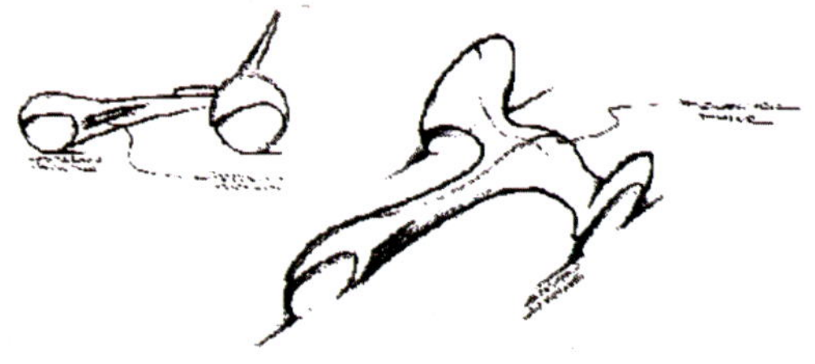

图3.138　素描草图示例五

图3.139　素描草图示例六

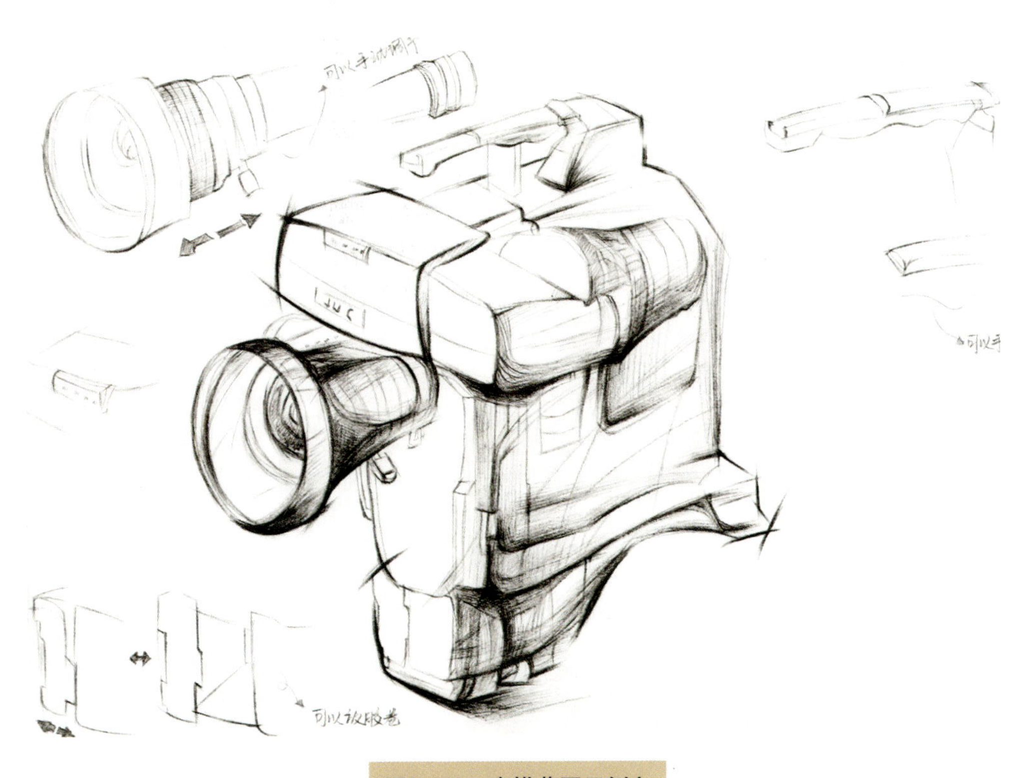

图3.140　素描草图示例七

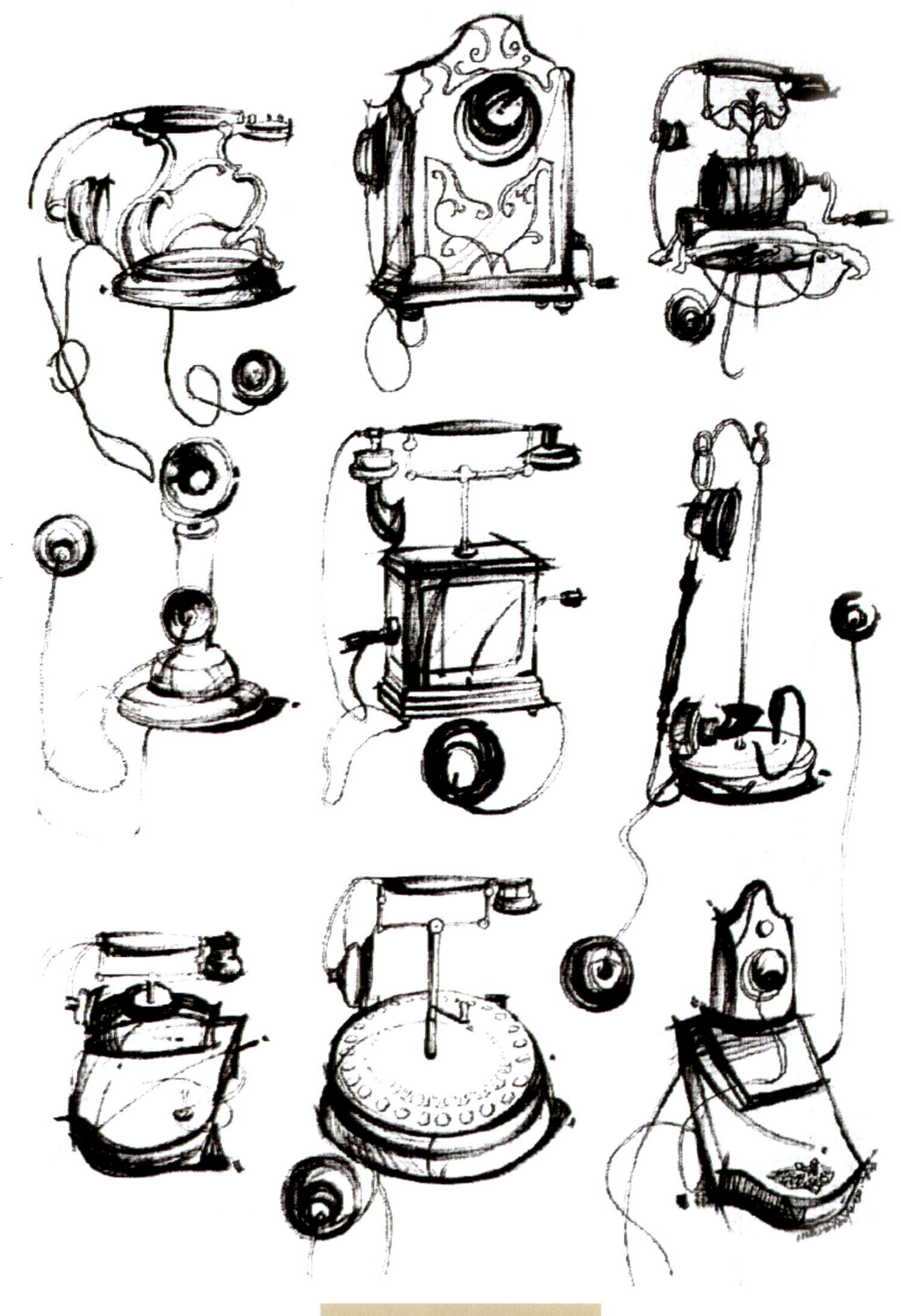

图3.141　素描草图示例八

3．线面草图

线面草图与线描草图相似，主要是以单线的形式来表现产品的基本形体、轮廓与结构，注重线条的流畅、连贯，以线的疏密、曲直、力度的虚实变化和轻重来表现物体的空间形态和体积特征，同时也可以利用块面表达产品形体的明暗虚实变化。线面结合草图简

洁、快捷，表达形式多以徒手画线完成，较为自由，以使用美工笔及硬性笔类的填充表现较为多见。

线面草图示例如图3.142～图3.146所示。

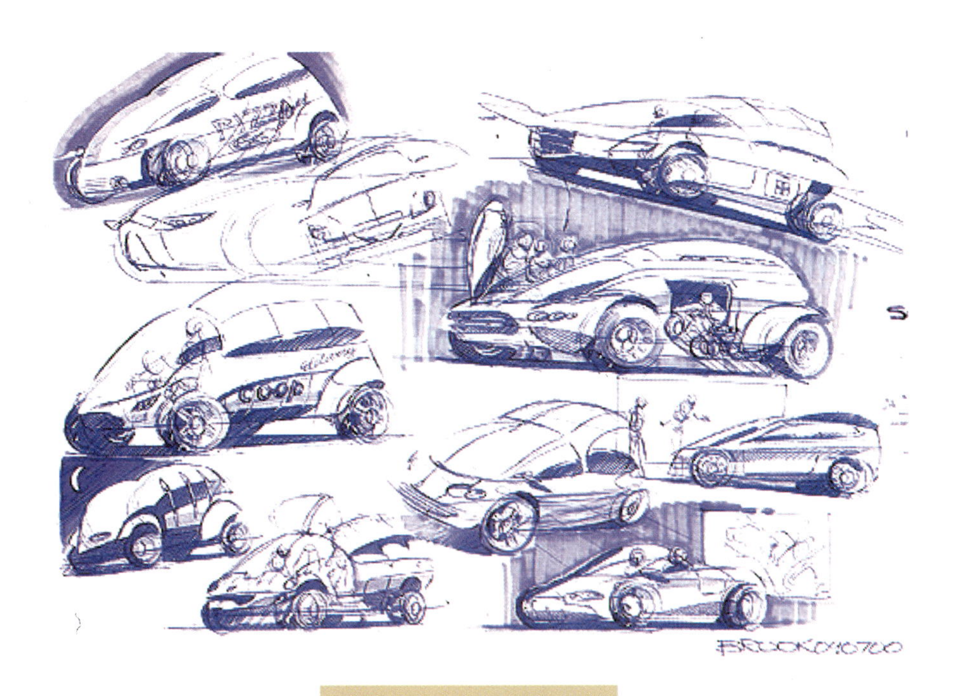

图3.142 线面草图示例一

图3.143 线面草图示例二

图3.144 线面草图示例三

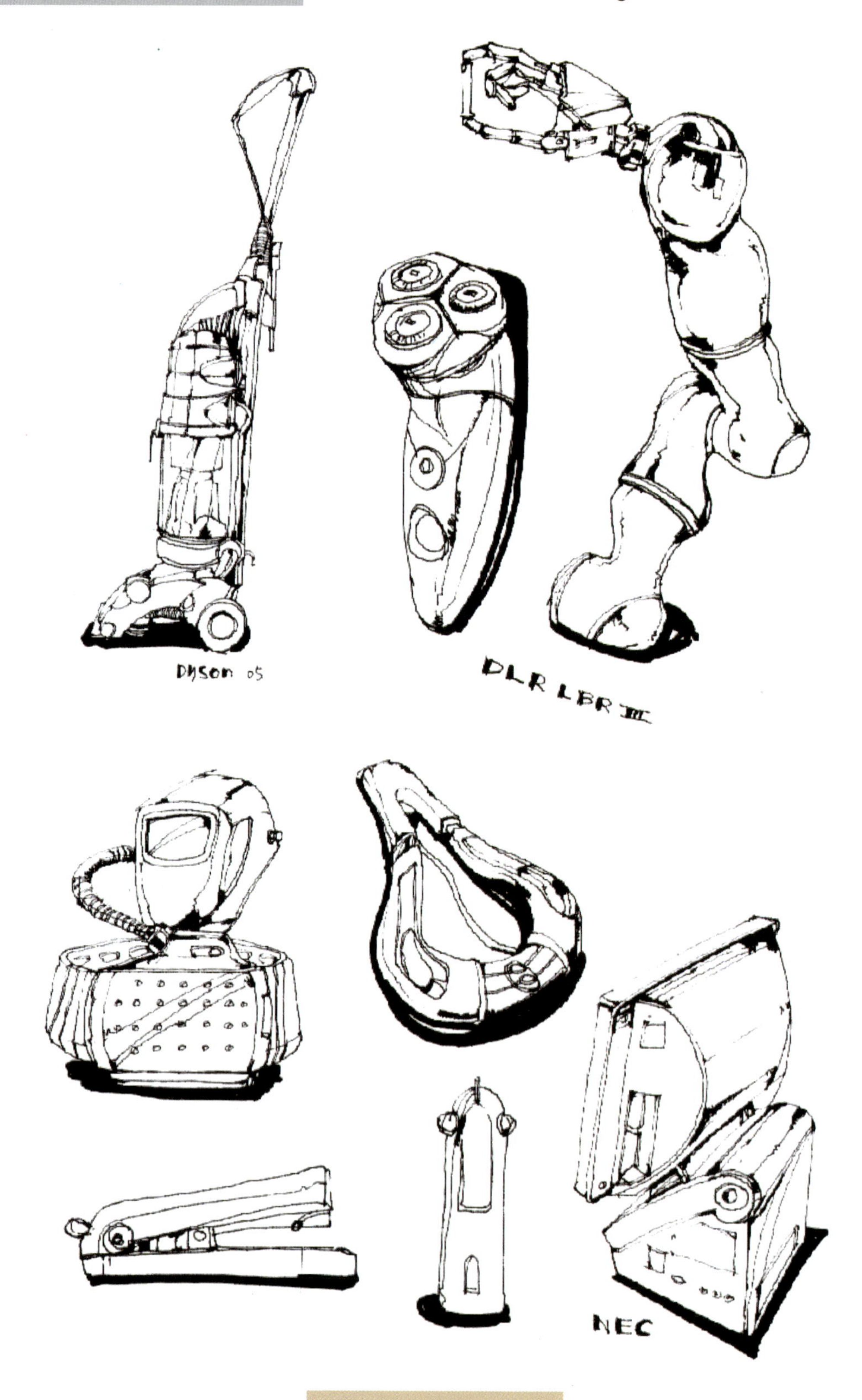

图3.145 线面草图示例四

图3.146　线面草图示例五

4．淡彩草图

淡彩草图是结合单线、线面两种形式为基础，施以简略而明快的淡彩来表现一定的色彩关系或配色方案的草图形式，具有轮廓清晰、结构交代明确、刻画细腻，能反映对象的基本色彩效果。着色常用马克笔、色铅笔、色粉、水彩笔与色棒等工具。但表现时色彩要简洁明快，在表现大的明暗关系与色调时，应协调统一。

淡彩草图示例如图3.147～图3.152所示。

图3.147　淡彩草图示例一

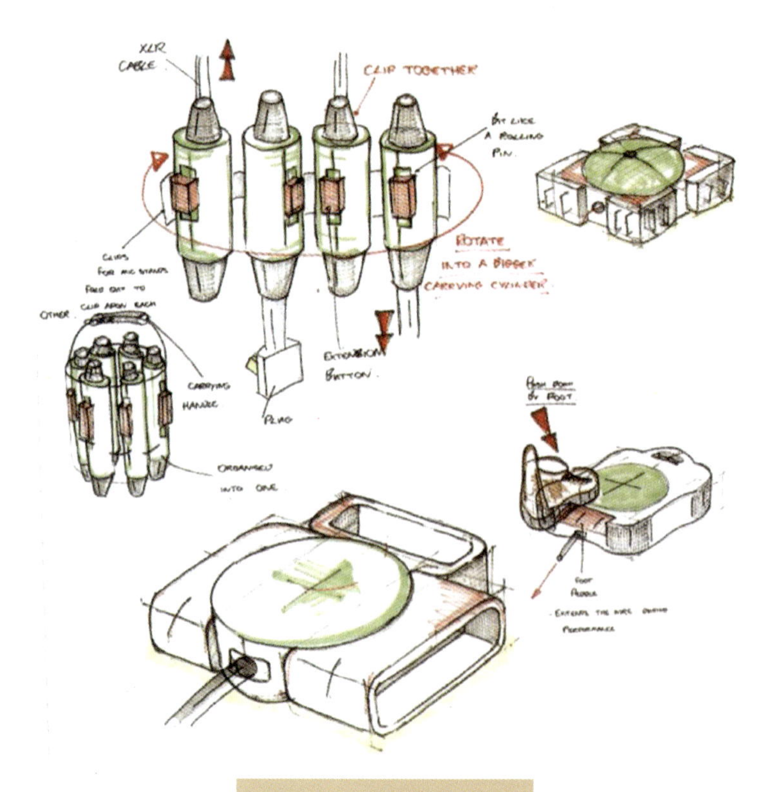

图3.148　淡彩草图示例二

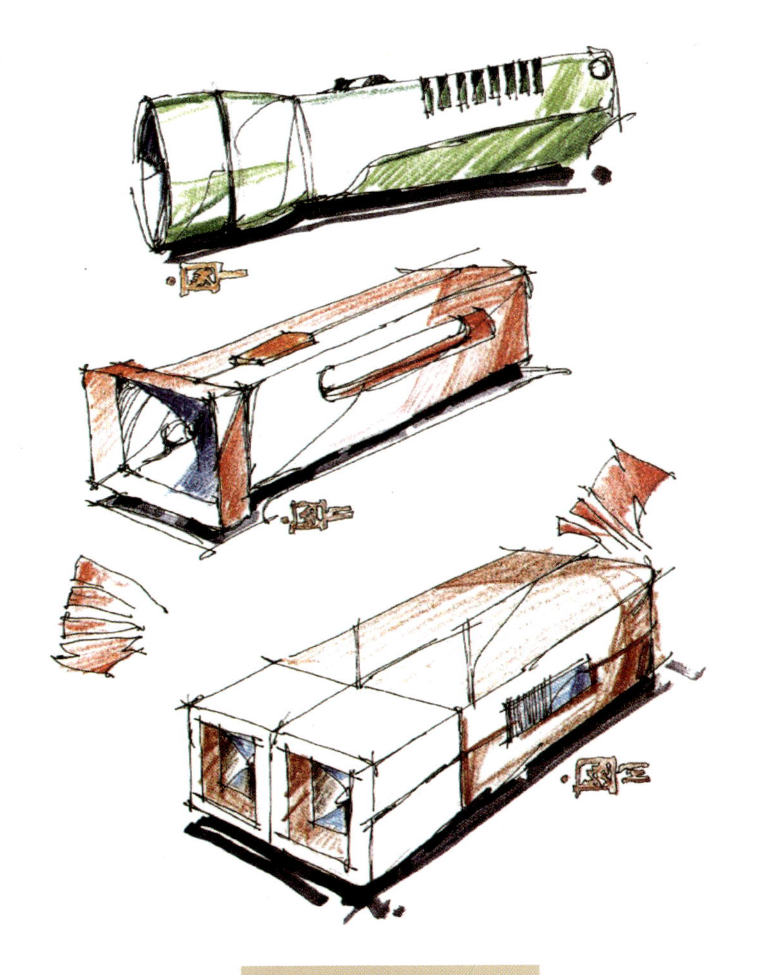

图3.149 淡彩草图示例三

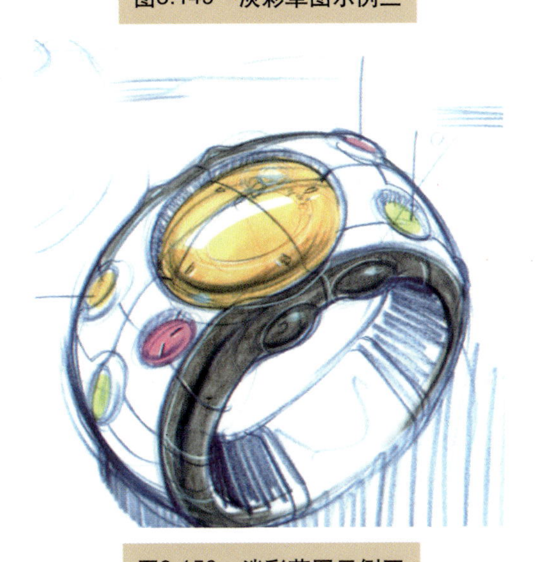

图3.150 淡彩草图示例四

图3.151 淡彩草图示例五

图3.152 淡彩草图示例六

3.5 工程图的绘制表现

工程图学是一门研究图示法和图解法，以及根据工程技术规定和知识来绘制和阅读图样的科学，是一切工程技术的基础。它是随着近代工业的发展、历经上百年的应用而形成的一套完善的、标准化的工程语言和工具，它在近现代工业的设计、制造过程中技术思想的表达、传递与积累上发挥了并依然在发挥着极其重要的作用。可以说，没有“工程图”，就没有飞机、没有汽车、没有楼房、没有桥梁，没有现代工业（见图3.153）。

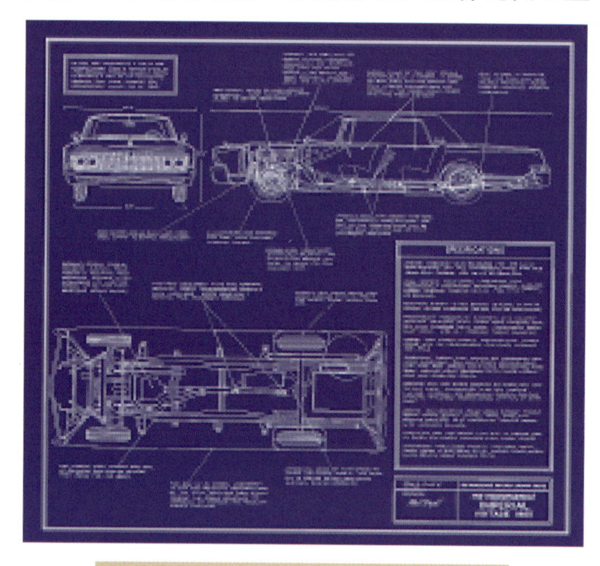

图3.153 工程图是“工程师的语言”

工程图学是科学技术的重要因素，同时也是一门应用极为广泛的横断学科。工程图学的形成和发展历经了漫长的历史岁月，随着科学技术的不断进步而向前发展。它所达到的技术水平，反映了一个时代科学技术发展的水平。

F.D.吉瑟科（F.D.Giesecke）等编撰的《技术制图》是一部全面反映美国及国际工程制图的权威专著。在这本书的“图学语言与设计”一章中，该书作者专门讨论了图学的发展历史，列举了大约公元前4000年古巴比伦的迦勒底人绘在石板上的建筑平面图。该书作者还认为，最早有关图学的专著是公元前30年，即罗马建筑师维特鲁威撰写的《建筑十书》，尽管在书中讲到了工程用图，但是其中图样是后人整理补画的。因此在18世纪以前，机械匠师全凭经验、直觉和手艺进行机械制作，与科学几乎不发生联系。现代工程图学是伴随工业革命造成的设计与制造的分工而出现的。在18世纪，建筑师首先从“建筑公会”中分离出来，使建筑设计成为高水平的智力活动。随着劳动分工的迅速发展，设计也从制造业中分离出来，成为独立的设计专业。到18～19世纪，在新兴的资本主义经济的促进下，掌握科学知识的人士开始注意生产，而直接进行生产的匠师则开始学习科学文化知识，他们之间的交流和互相启发取得很大的成果。在这个过程中，逐渐形成一整套围绕机械工程的基础理论。1795年法国科学家蒙日系统地提出了以投影几何为主线的画法几何

学，使工程图的表达与绘制高度规范化，唯一化，从而使以立体投影为“词汇”，标准规范为“语法”的工程图成为工程界通用的语言。

蒙日的《画法几何学》的提出是在当时西欧社会各界都迫切要求探求制图理论的情况下出现的。因此，它作为“工程制图的理论基础，立即在欧洲工业技术学校中占有了巩固的地位，并成为工业技术学校教学计划中的主要课程之一。”从此，工程图学社会化的进程就大大加快，从而使工程图学在18世纪和19世纪得到了更快地发展，极大地满足了生产力发展的需要。

图3.154　水墨渲染

第一次工业革命时期的工业化的主要特征是以绘制而成的蓝图或图表系统为主导。这些蓝图或图表是将概念或想法具体化（物质化）的关键，使设计具有巨大的权威和专利。Deforg在其有名的著作中生动而形象地描述了这一“绘图（或技术性图表）”王国，认为它是19世纪车间中的统治者。

进入19世纪后，建筑师布鲁克（Brucke）及海姆荷匀茨（Helmholz）运用几何学的原理，完善了现代透视学。从此，透视学才得以广泛地运用在建筑设计、产品设计、绘画等视觉表现领域。此时，法、德、英等国发展了用钢笔、铅笔、水彩等工具绘制建筑透视图的技法，这一技法亦在产品设计中得到运用。然而在这一时期，最有代表性的还是在法国巴黎美术学院中所盛行的水墨渲染技法（见图3.154）。

工程图学对产品设计表达的视觉语言的影响主要体现在以下几个方面：

（1）工程图学中的数学知识和方法，为产品设计表达所遵循。

由历代图学家们成功地运用数学的方法和数学语言，建构了完备的图学理论体系，它不仅推动了科学技术的发展，而且对产品设计表达的发展起到了重要的指导作用。如比例尺的应用、投影理论在绘图中的应用以及对基本视图的认识与应用等，它不仅是工程制图中必须严格遵循的数学规则，而且也是设计表达不可逾越的基本原则之一。

（2）工程图学的制图方法，为产品设计表达所沿用。

工程制图作为工程技术人员用来表达设计意图和工程制造的根据，具有专业性的特点。在长时间的理论和实践中，工程技术人员总结、归纳的关于工程图学的制图方法、工具使用技巧，为工业设计师在进行产品设计表达时所沿用。

（3）工程图学的表达方式决定了产品设计表达的视觉语言的主要构成要素。

工程图是工程技术界的“共同语言”。它作为信息的载体，由图像信息和文字信息两部分所组成。图像信息通过各种线型构成的图形和物体的形状来表达，而文字信息则通过工程注字来描述，它们相互补充，缺一不可，显示了设计者的设计思想、物体的尺度，使整个图面具有信息传递的功能。设计表达作为工业设计这一人类理性造物活动的一个环节，设计信息的有效传达是设计表达的重要任务。而在产品开发过程中，工程师和设计师都是设计信息传达主体，双方要开展卓有成效的合作，就必须采取是双方都熟知并能正确理解和解读的“工作语言”，而工程图学中的表达方式具有先天的优势，因此其对产品设计表达的视觉语言的构成要素产生了决定影响。

本章小结

本章主要介绍产品设计表现的依据，设计表现图的透视原理，产品设计表现图的作画步骤，产品设计草图及分类。该章节的主要技术知识点是，设计表现图的透视原理，产品设计表现图的作画步骤；主要的思想和理论知识点是产品设计表现的依据和产品设计草图及分类。

作业

按照各种方法每种方法练习50张（A4纸）。

第4章 企业案例

学习目标：本章主要阐明产品开发计划中是如何进行草图创作的，团队设计中草图是如何运用的。以企业的真实案例为切入点，要求学生深入理解设计草图在企业实际项目中的运用。

学习要求：要求学生能够根据企业所给的项目，运用所学的技法进行草图创作，加强对产品设计草图的理解，学会分析比较国内外优秀的草图，更好地进行产品设计。

4.1 产品开发计划——江铃汽车案例

（江陵控股有限公司开发中心　蔡军）

1．目标市场

随着一代新人消费观念的转变以及新车设计水平和设计理念的进步（见图4.1），两厢车更适合年轻一代消费群体的消费理念，特别是对生于20世纪80年代后的主流消费群体来说，两厢车更为时尚和动感，表现了更多的车主个性。

图4.1　消费理念

两厢车紧凑的空间利用率比较高，其载物空间已经能够满足车主的运载需求，即使三口之家举家野营也不会为储物空间不够而感到头疼，更加吸引人的是两厢车的外观设计能够比三厢车多变、时尚。从海内外车市的实例上看，没有了一个车尾，设计师既可以让两厢车四平八稳，更不难让它冲劲十足，这样新一代的两厢车就更容易为不同口味的人所接受。

2．可行性分析

从图4.2对比分析，可知年轻群体的汽车审美向运动感更强的设计风格倾斜。

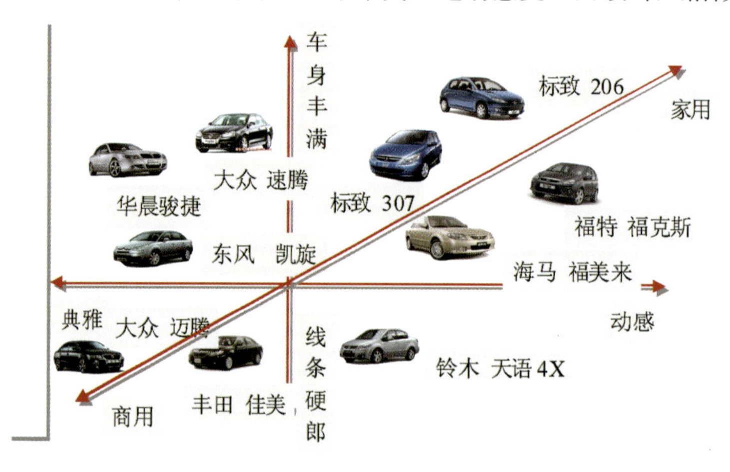

图4.2 不同类型汽车产品对比分析

3．流行趋势

首先需要明确我们可以利用的资源会是什么？被确定的车身形态发展方向可以有效地对开发工作起到促进的作用。如图4.3和图4.4所示。

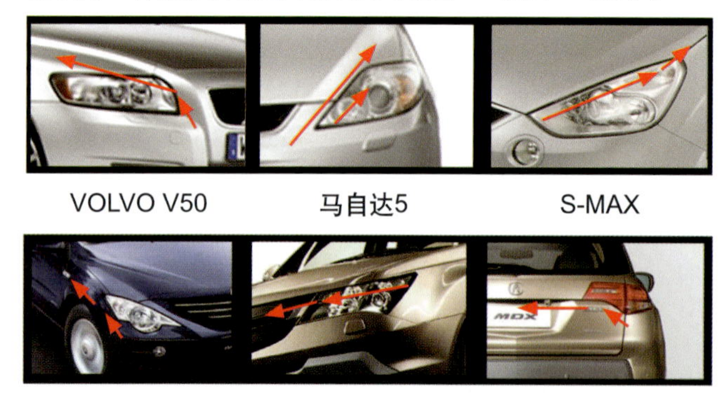

VOLVO V50　　马自达5　　S-MAX

双龙ACTYON　　阿库拉MDX

新欧蓝德　　维拉克斯

图4.3 视觉延展性,利用汽车车身的结构线与汽车车灯或是其他零部件边际的结合，使得感官上对汽车的感觉变的更流畅

图4.4所示说明简洁、流畅、浑然一体是车身侧边造型的主旋律。

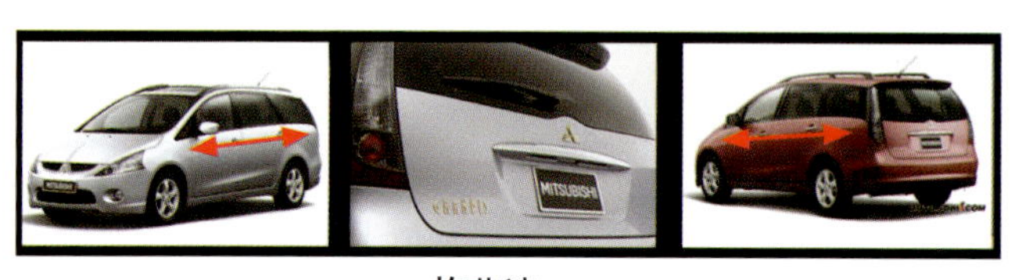

格蓝迪

图4.4 简洁流畅的车身前部和尾部，通过圆顺的车身曲线自然和谐地连接，整辆车的动感和力度通过一体化设计完美地表现了出来。可以预测：一体化造型趋势将成为未来汽车的外观造型主旋律

4．参考比对

针对设计要求，还需要寻找可以参考的类比车型，福克斯三厢车和两厢车在开发的过程中，非常好地利用了已有形态的趋势，在局部做出有针对性的改动，达到了不同形态的区分目的，同时又尽可能地减少了改动的部件，降低了新车型开发的风险，如图4.5所示。

图4.5　两厢和三厢福克斯的形态比对能直观地反应两款车型开发的思想，将车型主要的改变放在C柱之后，在达到效果的前提下，用最小的付出得到最好的效果

5．汽车外形升级的设计步骤

在产品开发的过程中。会受到很多产品开发成本、周期等因素的限制，如何有效地针对指定的需求做出相应的设计目标调整，就显得相当的重要了。本次进行的项目，就是在这种限制情况下需要进行处理的，改型的主要部位集中在车体的后部，所以可以把车体的后部独立出来做相关的改动，有针对性地满足设计需求。

汽车的形态把它分解为两个部分来处理：其一：特征线，寻找合适的特征线能有两个好处，第一，是能直观地展现出我们能够做新造型的区域，这个很重要；第二，特征线能很清晰的表达我们造型后的效果，即草图中直接展现出来的情景。其二：特征面，特征面又包括两个方面的处理方式，一个是覆盖表面曲率的变化规律，另一个就是曲面上覆着物件的细节表现（见图4.6）。

图4.6 汽车的形态处理

1) 确定改动的目标修改区域（见图4.7）

图4.7 确定改动目标修改区域

图4.8 寻找样本

针对最初制定的修改目标，要确定修改的区域，因为三厢车改两厢车的主要改动在C柱以后，所以在确定这个区域改动后，首先就是在原车的基础上，大致的画出可能发展的几个方向，例如参照FOCUS（福克斯）的改型方案，保证原后窗弧度不变的前提下，直接削短行李厢的长度，达到和谐整体的效果，或者是仿造奥德赛的处理方式，将后车窗弧度加高，以旅行车的概念进行改造。针对这些方向，我们剪裁出大致的车身形态，作为下一步发散的基础。

2）寻找样本（见图4.8）

现有车型的开发中，存在着很多借鉴的元素，如果能够在吸取有益经验的前提下，就能更快地、在更高的基础上发展出我们自己的产品。将适宜的元素剪贴在原有车型的背后，能够对自己下一步的草图构思过程起到很好的启发和帮助作用。这个过程相对来说比较自由，合适的细节都可以考虑在自己的构思过程中。

3）比对后在范围内进行草图发散

在这个修改过程中，首先得明确我们的限定区域是不能超越的，因为超越了可允许的区域，就意味着钣金件的更改，也就意味着大量额外费用的增加。这是在这个设计过程中必须考虑的，同时也是其他改型项目中都需要面对的问题。在确定了修改区域和能够参考的范例后，就可以开始发散过程了。

在确定的方向1中，所做的改动是在车窗弧度不变的前提下，将车尾钣金件前移，以达到车体形态协调的目的，在这个改动过程中，主要的工作是描绘出车窗以下部分的特征形态，车窗以下部分的改动主要注意以下几个方面：窗台线是车身结构中很重要的分界线，通常情况下车身的横向曲线的曲率很大程度上由窗台线决定；车尾部的转折处，在车尾窗弧度确定不变的前提下，形成合适的车尾部需要圆滑地过渡到后车窗和车身侧面（见图4.9）。

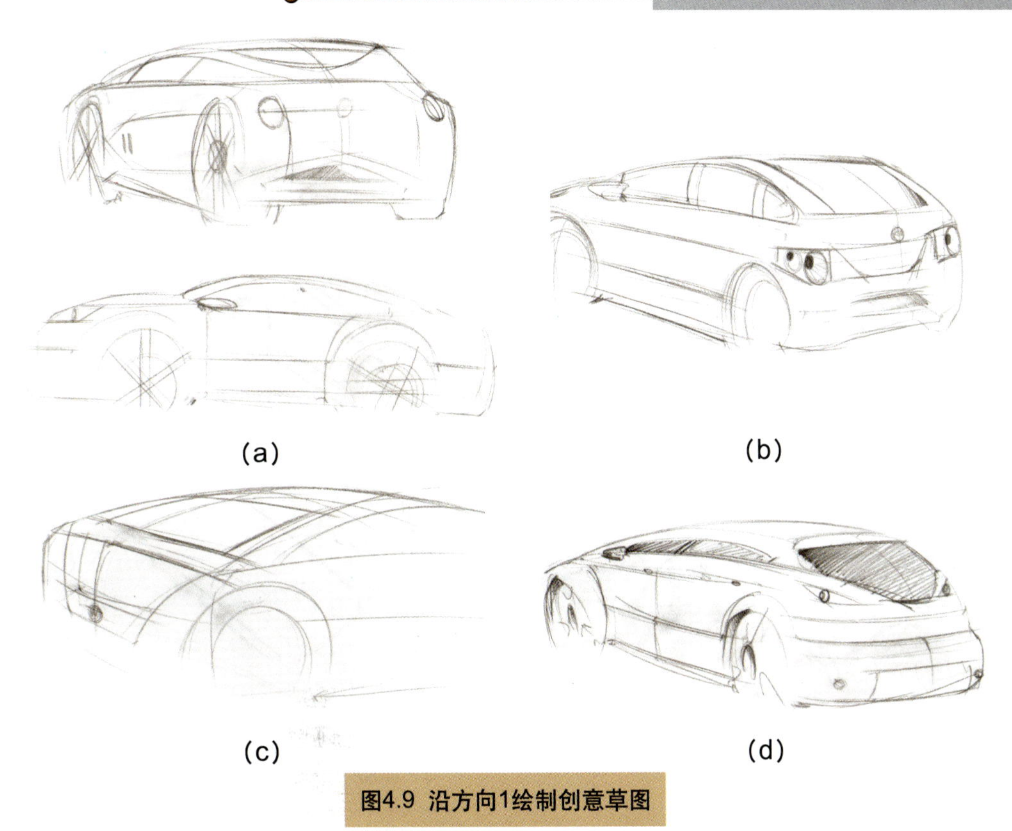

图4.9 沿方向1绘制创意草图

方向2的思路主要是延续车顶弧线的发展趋势，充实车尾部的空间，将后保险杠以上，C柱以后的空间充实起来，在这个方向下，工作的重点是保证两个曲面衔接的合理性和在空间饱满后的细节考虑。

方向2改动的关键在于车顶弧线延续的起止。合理的与尾部形成适合的夹角，是整个尾部感觉构造的关键点之一，其次，转角处理仍然是需要着重考虑的问题，这也是直接影响最后车型效果的决定性因素（见图4.10）。

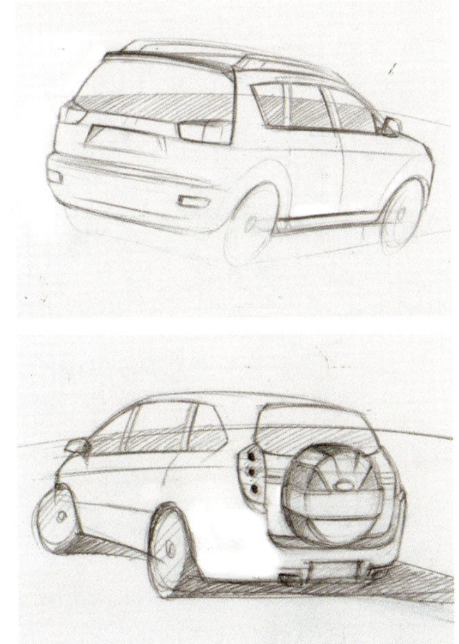

图4.10 沿方向2绘制创意草图

草图是设计行为的开端，也是很重要的起点，用草图的方法快速地记录设计师的想法，是准确地保留时刻迸发出的设计灵感的很好途径。同时草图的方法和效果都很重要，好的方法和好的表现都能很有效地满足设计师最初的预期，这个基于素材剪切和粘贴的设计方法是受日本企业设计照相机的流程而发展起来的，手段是多种多样的，最终的目的还是为了准确的把设计者的思想记录为可视的图像，有了丰富多样的想法，设计过程也就能在一个很好的基础上进行下去。

4.2 金万年文具案例

（上海金万年实业发展有限公司　柏魁宇）

在企业中，设计已不再是某个设计师个体的创意行为，它是设计部门内部及设计部门与其它部门之间一次次思维碰撞与协调的不断发散与收敛的结果。如图4.11所示的产品开发流程中，从设计概念书的输入到开模样品的评审都需要设计师的参与。而每一次交流与评审中，设计师都需要设计表现来表达自己的意图。所以，设计表现已不仅是设计师思路记录与整理的手段，更是一种交流的媒介。

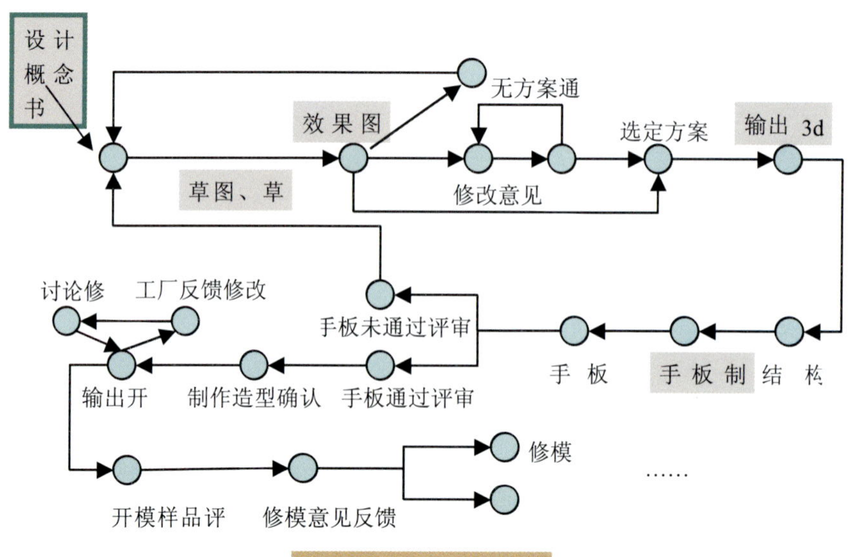

图4.11 产品开发流程

根据不同阶段的不同需求，设计表现的常用形式也不尽相同。

1）用于设计师自身记录构思，比较设计方案

设计师在设计构思与推敲过程中，往往用设计草图的形式来记录自己的思路，并帮助自己捕捉灵感，推敲细节，以获得满意的解决方案。

在这个阶段，常用的方法有两种，一种是灵感捕捉法，另一种是列举法。

灵感捕捉就是要抓住那种转瞬即逝的灵光乍现，是种构思过程的记录。所以，在草图下笔时未必有一个确切的形态。这种草图可以勾勒得很杂乱，很随意，然后在其中有感觉的形态上略作细化及调子区分。这种草图没有尺寸的限制，可大可小，注重的是感觉。找出有感觉的形态后再对形体进行具象化，如图4.12、图4.13和图4.14所示。

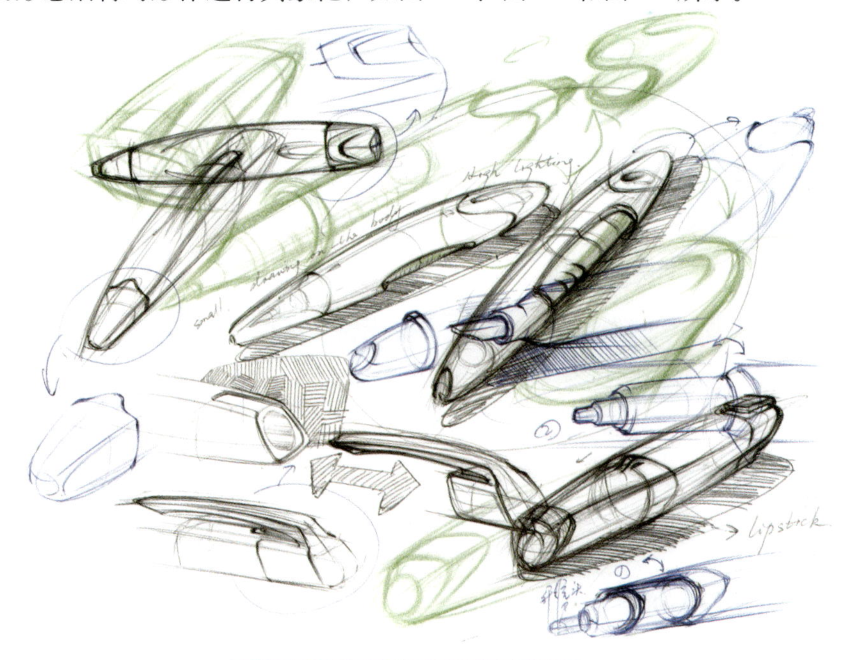

图4.12 灵感捕捉法构思草图一

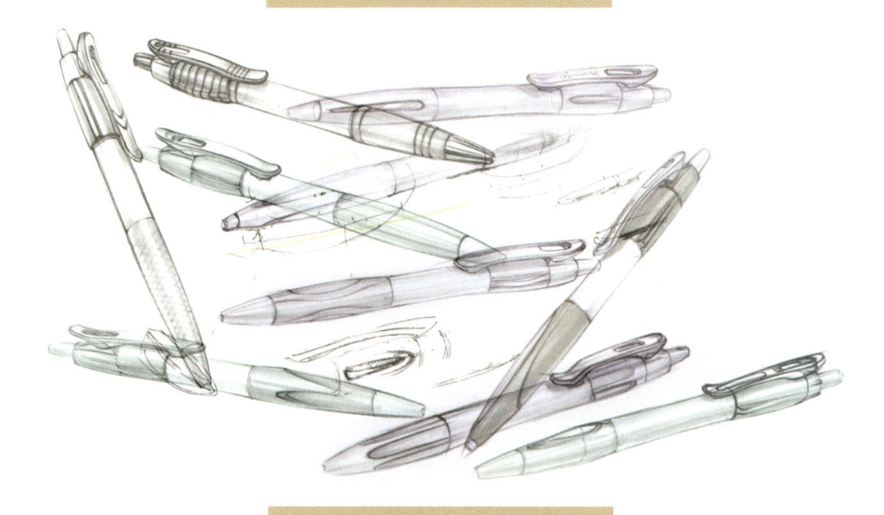

图4.13 灵感捕捉法构思草图二

图4.14 灵感捕捉法构思草图三

在对形态进行具象化之后，便是对线条的调节和肯定，及对细节的刻画，从而整理出思路清晰的设计草图，如图4.15所示。

图4.15 整理出思路清晰的草图

在整理出的概念草图的基础上，可以进一步进行细节的推敲。可以利用透明纸拓底的方式画出同角度的细节变化图进行比较，也可将细节放大在一张纸上进行多种细节的绘制进行比较，如图4.16所示。

图4.16 细节草图

列举法通常用于要求理性较多的设计案例，也可用于对设计师感觉的培训。它是利用排列组合的方式对形态进行列举性的归纳，从中选出较满意的形态进行深化。如图4.17所示便是将各种几何形态进行排列组合，再应用到相关产品上，简单绘制出相关的比例效果。这种草图绘制方法可以是二维的也可是三维的，目的是辅助设计师自身对形态的关系进行把握。

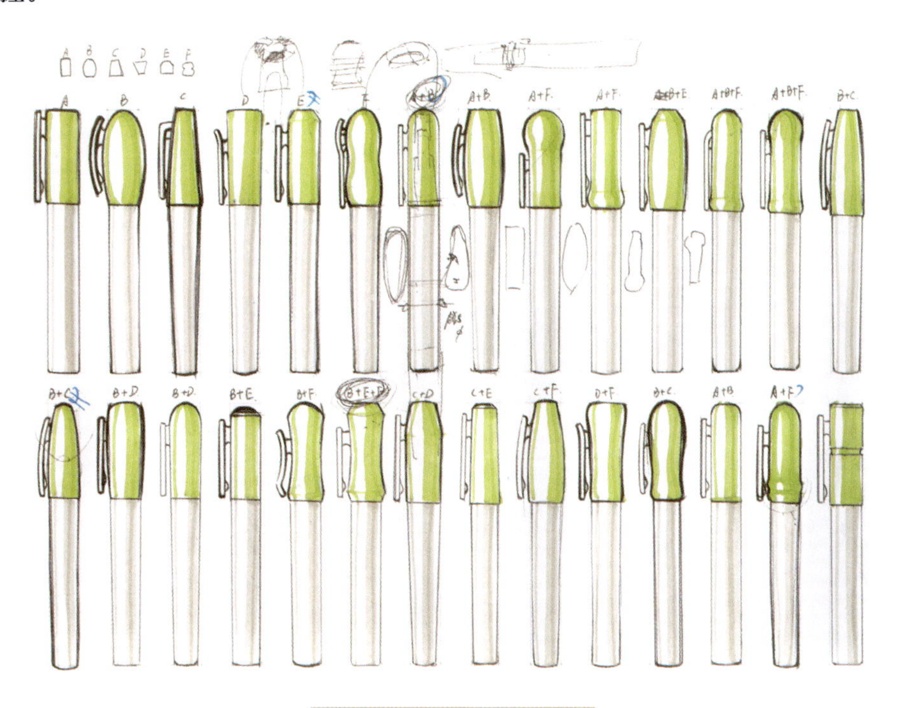

图4.17 列举法构思草图

运用列举法时，也是遵循着设计从整体到局部的原则，先进行体比例和线性的列举，选择合适的形态，再进行细节的列举和考究，如图4.18所示。图4.19所示便是在选定整体形态后对笔架正面线型的列举研究。这时的草图是设计师自己用来辅助设计的，不要求精确细致，但要便于设计师自身的理解和分析，根据个人感觉不同会有不同的要求。

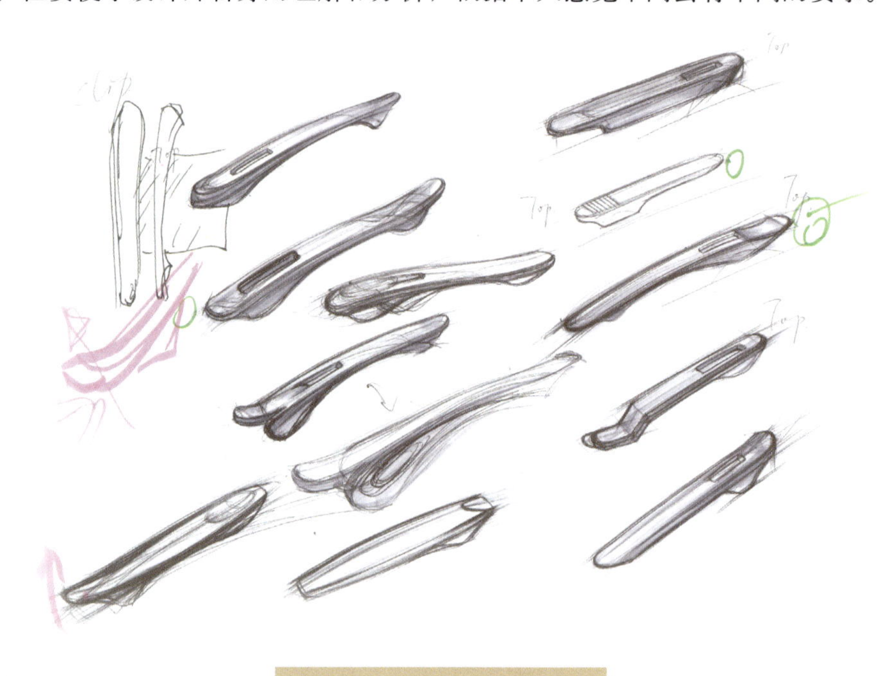

图4.18　笔架正面线型列举一

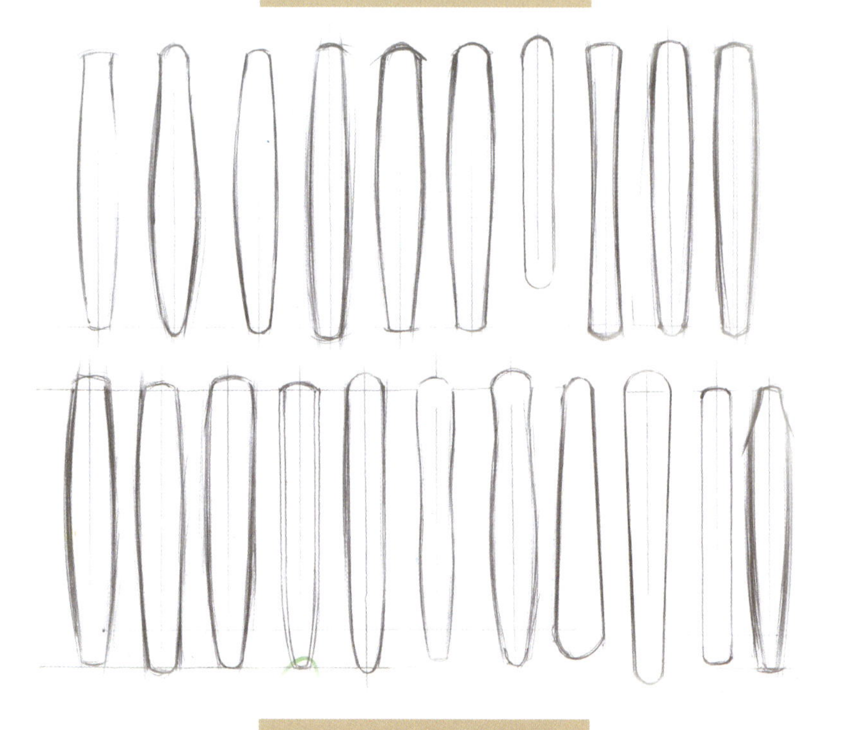

图4.19　笔架正面线型列举二

二维把握的同时可以进行三维的推敲。相结合的手段便于设计师对整理形态进行把握，也便于设计师进行形态的衍变和分析。

2）用于设计师之间的交流与讨论

现代工业设计往往是一种群体性的工作。一个设计方案的产生往往是设计部门内部集体智慧的结晶。设计师之间相互启发，相互提出合理的建议已成为提升设计质量的有效手段。设计表现作为一种设计语言，是设计师表达创意与设计构思的手段，是设计师之间的交流媒介。

以交流为目的的表现方法，重在言简意赅。以有效的手段清楚的表达出设计师的意图是这种表现方法的关键。所以这种表现形式多用线稿或加以少量的明暗关系。并添加一定的说明图进行表达，如装配关系及使用方式等。如图4.20、图4.21和图4.22分别是注重功能的表达、注重造型的表达和注重使用方式的表达。

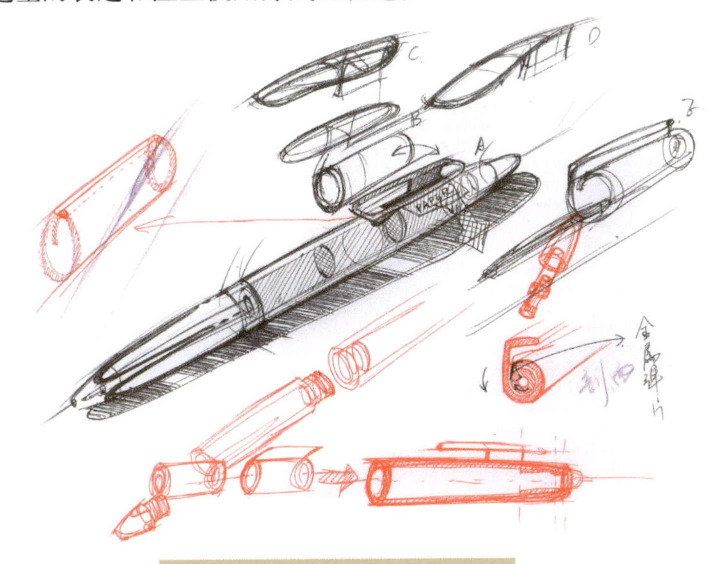

图4.20　表达装配关系的草图一

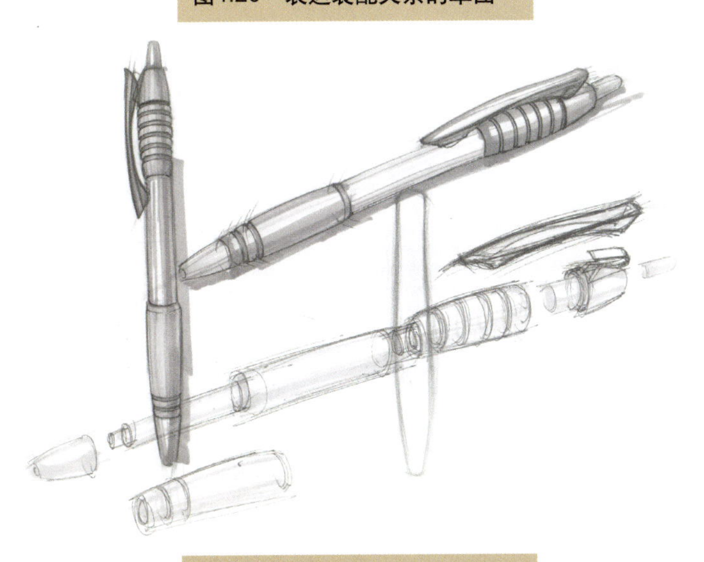

图4.21　表达装配关系的草图二

图4.22　用于设计师之间交流的草图

3）用于设计师与其他人员交流

产品造型设计师在一个设计投产之前，就必须向有关方面人员——企业决策人、工程技术人员、市场分析人员、营销人员等，说明该产品的有关情况，经过各方面的评估与综合讨论对方案进行确认。此时设计表现作为一种设计提交物，承载着自我推荐的作用。而此时的评审人员，大部分并非设计专业人员。所以，此时的表现图要求清晰准确地表现出设计结果，同时要求美观、有说服力。

这个时候的设计表现，往往有四种形式——手绘效果图、电脑效果图、三维模型演示和1：1的手板模型。

其中手绘效果图和电脑效果图是以二维的形式表达三维的效果，为了使参与人员准确地把握设计效果，通常需要以多角度视图进行表现。条件允许的产品，尽量以视觉1：1感觉的尺寸进行表现。

电脑效果图又有平面效果图和三维渲染图两种制作形式。这种效果图可以对色彩、材质感、形态、光感等方面进行适度的夸张，并可利用虚实对比对设计亮点进行强调，提高人们对设计的接受度，如图4.23所示。

三维模型演示和1：1的手板模型则更为直观。三维演示模型可以在现场应需要，对不同角度和使用情况、配合关系等进行展示。而手板模型在此基础上更给人直观的材质感和触感，同时可以对功能和人机工程学方面进行评测，如图4.24所示。

表现是设计的桥梁，它是赋予设计师把想法转变为视觉印象的一种快速途径。表现的途径多种多样，但无论怎样，它都是设计的辅助手段，作为设计师不应把精力过多地放在表现效果上，而更应注重产品的实质。

图4.23 电脑效果图

图4.24 手板模型

4.3 团队设计中草图的运用——深圳嘉兰图设计案例

（深圳嘉兰图设计有限公司设计研究中心 李俊涛 郑皓）

在设计公司或企业，草图往往以团队的形式进行。在草图过程中，如果设计师独立作业，往往容易出现思维枯竭、评选方案时部分好想法流失等问题，不利于发挥团队的效率，因此需要一种更加科学的草图组织方法使团队效率达到最大化，这里介绍一种实用的团队草图组织方法——草图重释。

4.3.1 草图重释的方法介绍

草图重释是对设计师之间相互交换或共享草图以达到团队交流的方法的特定称谓。草图重释法是在设计团队中，工业设计师之间交换或共享不完整的草图进行再设计的一种团队方法，参与人数不限，其过程为：首先每个人独立创作草图，画些大概形体即可，不必深入设计，将设计草图放入共享池。当其余设计师效率开始降低时，便从共享池中选择其他设计师的草图方案作为源方案，对自己进行启发，进行再设计。设计草图再放入共享池，这种循环可以一直进行直到产生足够的概念。在这个流程中，设计师不向同伴解释想法，充分利用草图的多义性。草图重释是很灵活的草图交流形式，时间场所都很自由，可以在小范围内进行，只要有两个以上（含两个）设计师即可，也不需要以会议的形式进行。它的功能模型如图4.25所示。

其方法要点为：初期只要设计大概造型，不过于深入；通过草图交流，避免相互间解释创意，充分利用草图的多义性；当效率开始降低时，更换草图启发思维；独立草图和交换草图相结合，避免单纯重释而失去了自己的想法。

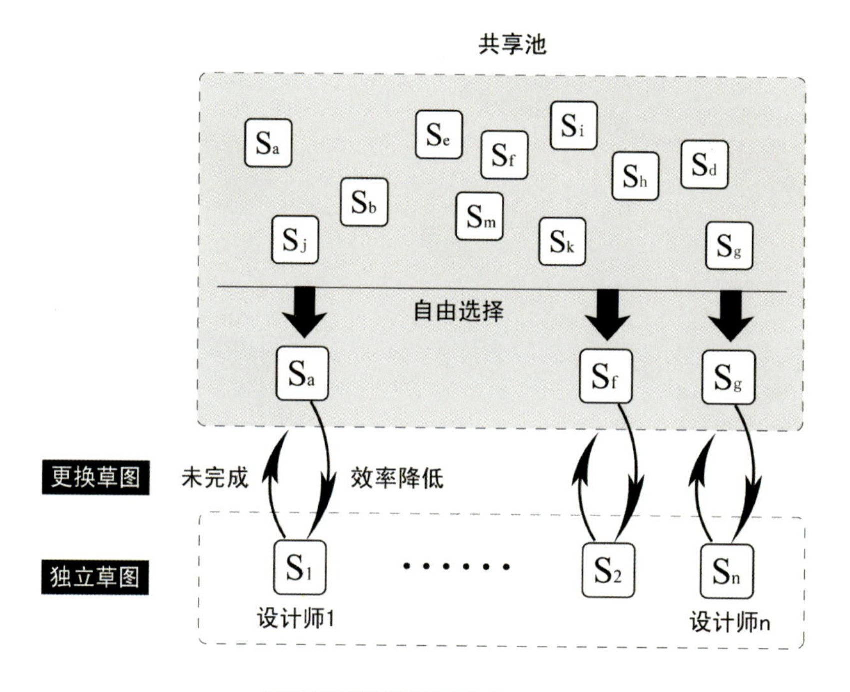

图4.25 草图重释法功能模型

4.3.2 案例一：数字B超的外观设计

设计任务：××市××公司数字B超的外观设计（草图阶段）

时间：2006年6月8日

地点：嘉兰图产品设计有限公司工业设计部

参与人员：嘉兰图产品设计有限公司的六名具有一定工作经验的工业设计师A，B，C，D，E，F（工作经验分别为1～3年）。

设计要求：采用草图重释的方法进行手推式数字B超设计，医院使用。主要部件为箱体，底座，CRT显示器，控制台。CRT显示器和控制台均可以被操作者转动，箱体后面也有把手，可以推着走。为了节省成本，箱体部分不开塑料模，最好使用钣金材料。

设计草图结束后，根据对设计师的口语分析，设计师在对他人草图识别的过程中存在大量的重释行为。

图4.26是个典型的重释行为。设计师A原意是控制台有一个有机的折起，然后键盘处如绿线标注形状往下凹陷，键盘和显示器同轴。 设计师B以该草图为源草图，首先对草图中图纸意象进行了草图识别，将草图中的半圆形控制台作为“图底分离”中的“图形”保留下来，并对其进行修改，将键盘面改成了平的，另外他觉得控制台和箱体的结合方式无论从功能上还是从使用上都不合理，他由控制台前端的半圆形状想到把转轴置于前部，控制台和CRT显示器不同轴，这样圆盘可以单独转动。另外，设计师B认为原图中把手造型不美观，将把手处做了相应修改。

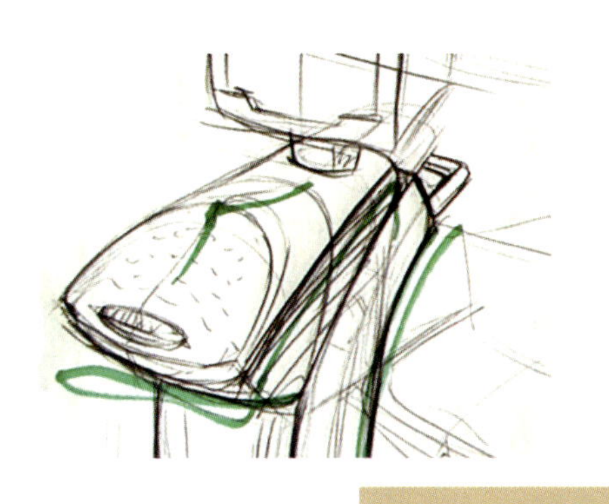
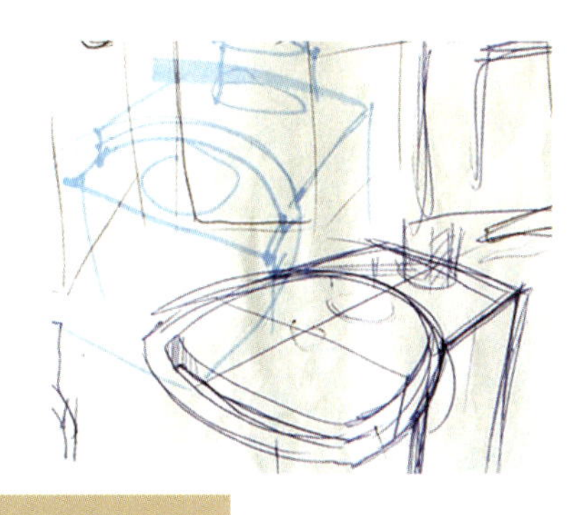

图4.26　典型的草图重释行为一

图4.27也是个典型的重释行为。左边草图是设计师C的方案，从前绕到后的把手形式是他强调的重点，他用笔将其加粗。经过设计师D的识别，根据“图底分离”原理，把手部位成为主要特征，也就是前文所说的“图形”，而其他元素退后成为“背景”。根据这一意象，设计师D将C的草图在工艺允许的范围内进行了再设计得到图4.27右图。这个过程中，草图意象的变化如图4.29所示。

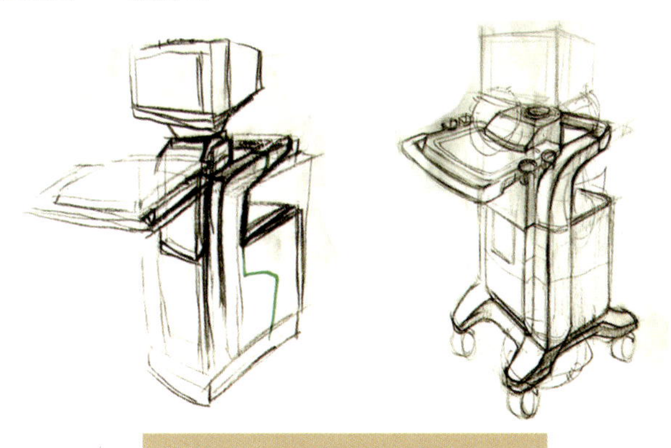

图4.27　典型的草图重释行为二

在案例中，设计师对他人方案的重释经历了“草图识别——设计思维——设计表达”的完整过程。设计师的经验、审美、表现技法等因素在这个过程中一直起着重要的作用，左右着其中的每一个环节。从图4.28可以看到，效果图基本保持了两个设计师的草图概念。

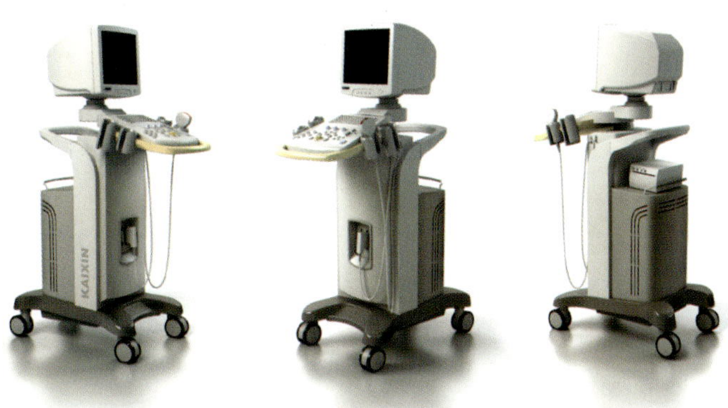

图4.28　设计方案最终效果

4.3.3 案例二：模拟电视外观设计

设计任务：××市××公司模拟电视外观设计（草图阶段）。

时间：2006年7月11日—2006年7月12日

地点：嘉兰图产品设计有限公司工业设计部

参与人员：嘉兰图产品设计有限公司的六名具有一定工作经验的工业设计师A，B，C，D，E，F。（工作经验分别为1～3年）

设计要求：按草图重释的方法完成模拟电视设计任务，该产品为家用和车载两用的小型模拟电视。目标消费群为家庭主妇（家用）以及司机和乘客（车载）。各系列均参照样品使用相同的底座，底座可以调节角度。共有5种机型，分4：3和16：9 两个系列，要求所有机型的设计风格一致，各系列应尽量采用相同的布局，上面有7个按键一个指示灯，且尽可能考虑使用相同的部件以节省成本，机壳支架部分所有机型采用相同的设计，上下壳分模，尽可能降低模具成本。

整个草图分为独立草图和草图重释两个阶段，图4.29是两个阶段的草图，图4.30是效果草图。

(a) 独立草图

图4.29 独立草图和草图重释两个阶段的草图

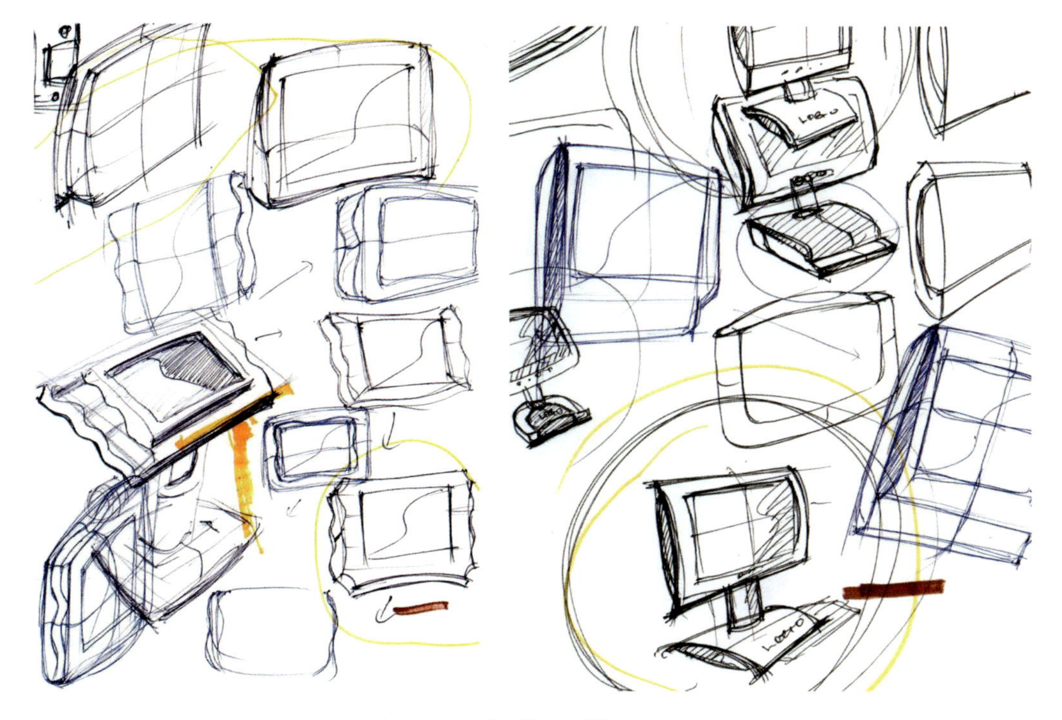

（b）草图重释

图4.29 （续）

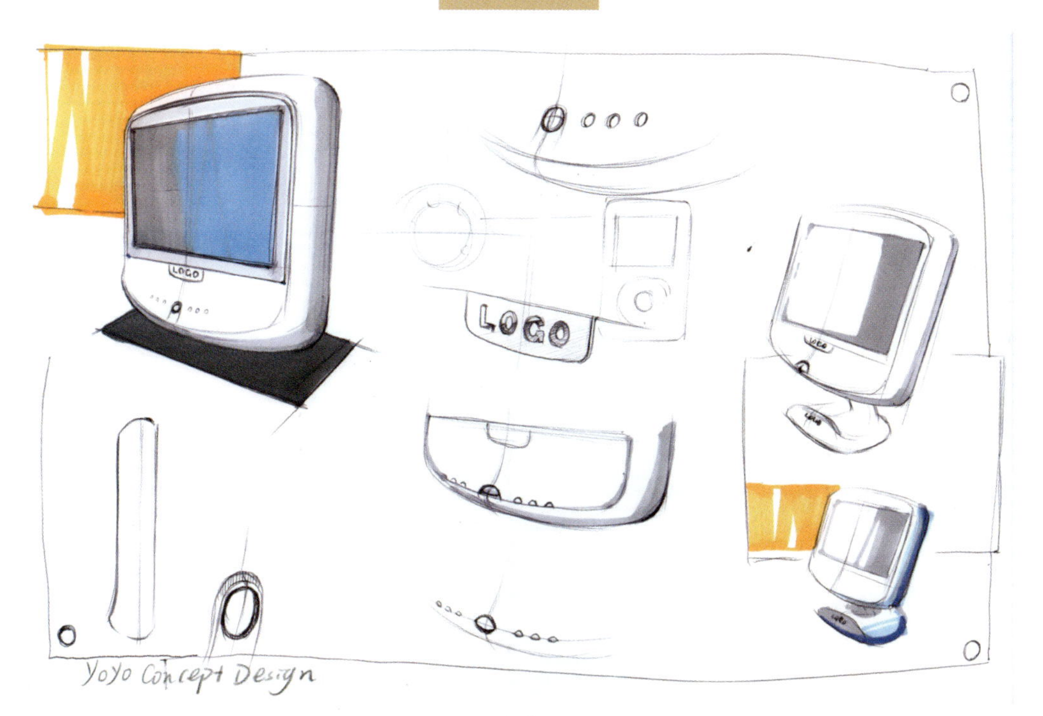

(a)

图4.30 效果草图

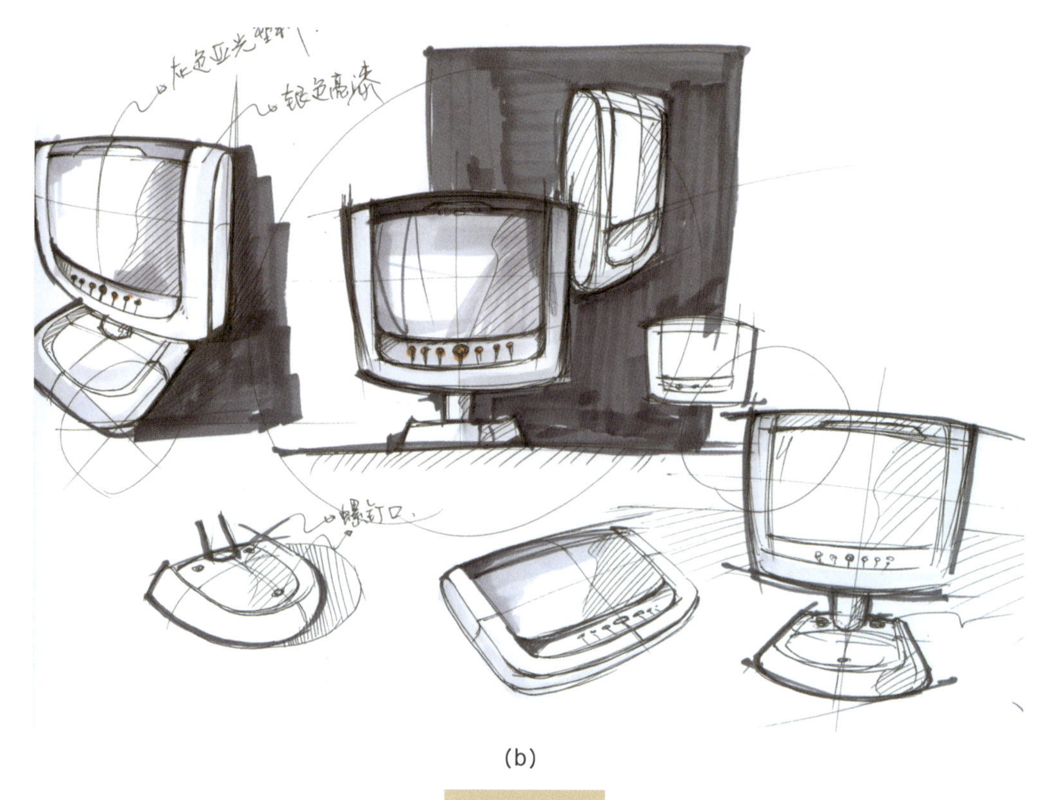

(b)

图4.30 (续)

以下是根据草图重释进一步设计得到的产品效果图。草图阶段的想法在效果图中得到了很好的体现，如图4.31所示。

图4.31 效果图

图4.32选取了设计过程中从初期草图到最终效果草图的部分草图方案。按草图的进展顺序将其按不同的层级排列，从上到下方案逐渐深入，方案之间的重释关系形成网状结构。

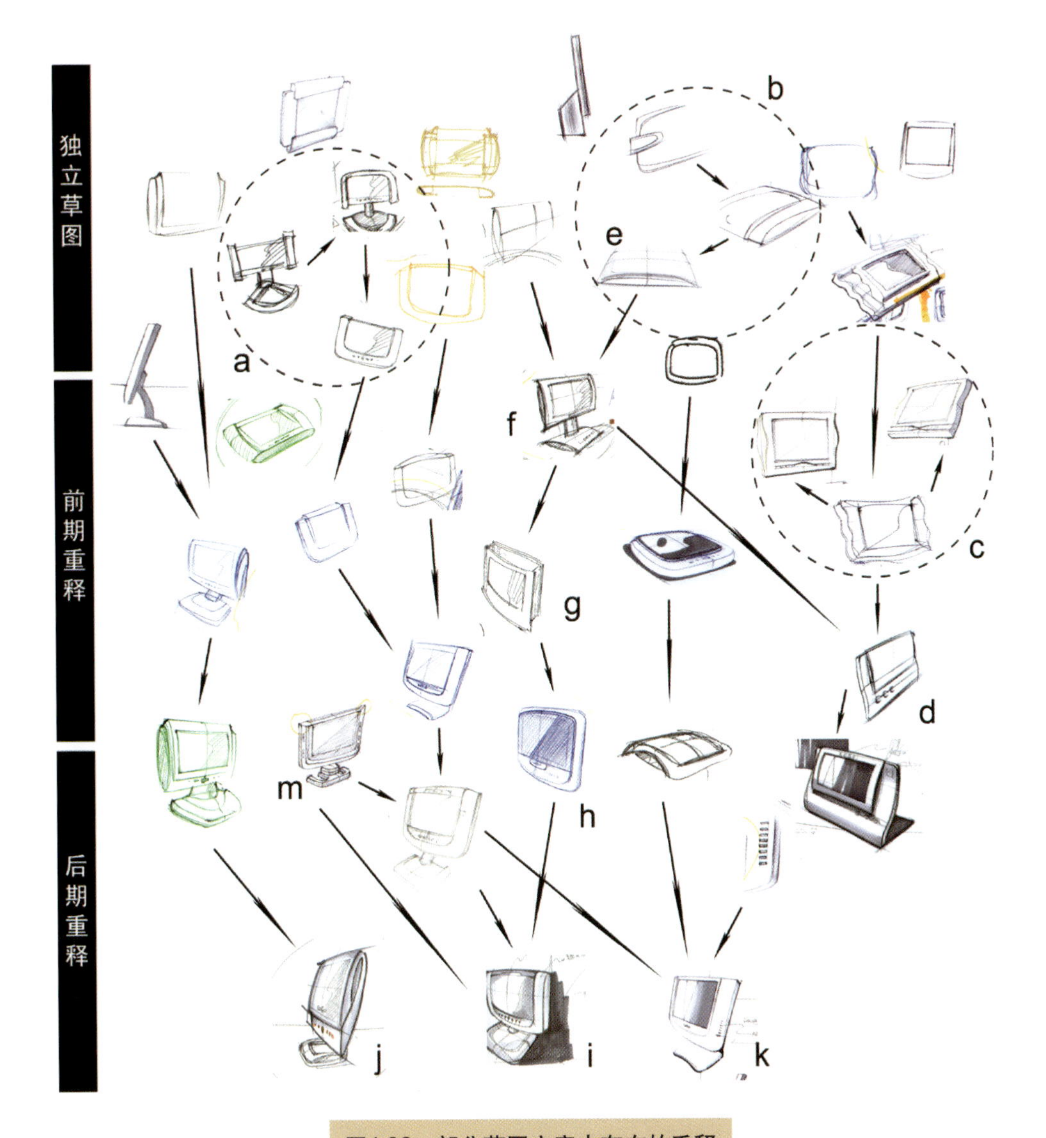

图4.32 部分草图方案中存在的重释

按重释的深入程度把设计过程中的重释分为三个阶段：独立草图、前期重释、后期重释。独立草图阶段是发散的过程。产生了大量方案，同时也废弃了很多方案，这个过程中，设计师进行独立的图解思考，如图中的a，b，c都是设计师的自我重释。前期重释阶段是设计师通过其他方案进行发散的阶段，在这个阶段，设计变得富有针对性，方案之间也开始形成网状关系。观察“方案e—方案f—方案g—方案h—方案i”的重释过程，方案f提取的是方案e中薄边的形式；方案g到方案h是同一设计师的自我重释，延用了薄边，但换了形式；方案h到方案i，设计师综合了好几个方案的特征，从方案h中进化过来的就不是薄边的形式而是按键。边框的造型借鉴了另两个方案，并根据前面讨论的“亲和力”风格将方案m中的尖角做了修改。在后期重释阶段中，箭头逐渐会聚到少数方案中，这是整合调整的过程。

4.3.4 草图重释法的优势

以下是参与项目的设计师对方法的评价：

1）设计师A（项目主管）

整个过程思路清晰，与以往相比效果明显。以往单兵作战时，总会在开始的一到两天时间，小组成员普遍反映没想法，一起聊聊天，听音乐慢慢找感觉，好像是在浪费时间。现在使用草图重释法很容易抓住大家的思路，使成员迅速进入状态。以后应该注意的问题：应该协调团队中成员的角色，根据组员的特点安排工作，这是草图重释成功的保障。

2）设计师B（两年工作经验）

优点不多说了，草图重释法和整个流程效率很高，谈谈几个要继续研究的问题：

除了使用重释方法之外，看看中期讨论中能不能运用头脑风暴，深入挖掘，使思路更加发散。

整个草图重释过程中，是不是需要一个主持人去引导和把握。

3）设计师C（两年工作经验）

优点很多，效率明显提高，草图重释法使设计师迅速开阔思路，互相启发。具体来说：

对比以往的设计评审，评审后常常出现缺少不同设计方向的方案，匆匆忙忙补方案的情况，这是由于在前期没有充分协调好的缘故，现在的流程前期思路很明确，可以从源头上避免。

对比以往的设计评审，评审后还有一种情况是：把几个不同方案的局部组合出一个方案，而这时草图阶段已经结束，没有时间重新构思直接上效果图，结果方案做的很匆忙。而草图重释的过程本身就包括了整合不同方案的闪光点。

4）设计师D（一年工作经验）

下次要加强小组讨论的内容，让成员之间充分明白彼此追求的设计方向，以便在重释阶段把握设计思路，产生更多高质量的方案。

5）设计师E（一年工作经验）

可以从以前的设计草图中得到启发。有些先前的草图方案由于不满足硬件的要求没有选上，所以草图就闲置了，其实其中不乏一些好的想法，可以通过重释以前的草图来利用其中的想法。

从设计效率的角度来看，可以明显感觉到，采用草图重释的方法比采用独立草图的方法在整体效率上有较大的提高。主要体现在：

1）有利于发散思维，避免思维枯竭

当设计师想法枯竭时，同伴提供创意，可以使设计师思维发散，维持较高的效率。因此草图重释在设计前期和中期可以产生比独立草图更多的方案（见图4.33），这种过程中的反复交流使最终方案质量较高。

2）有利于形成深入并且较完整的方案

由一个设计师做一个方案深入一定程度往往很难再深入下去，或者由于思维定势，很难跳出原来的那个圈。同时一个人往往会考虑问题不全面。这时由其他设计师进行重释，可以形成相对合理的方案。

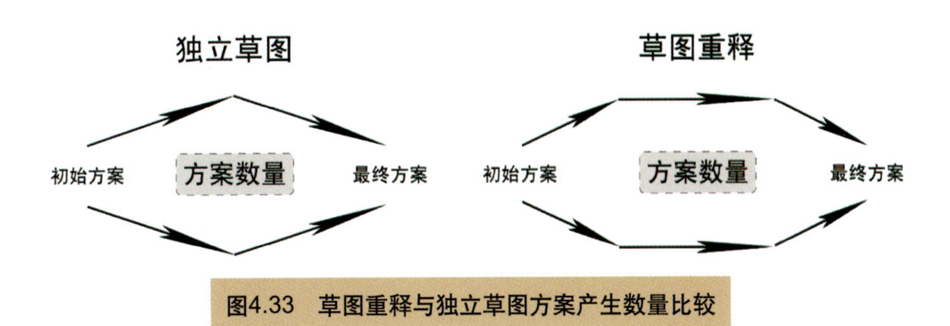

图4.33 草图重释与独立草图方案产生数量比较

3）可以减少好想法的流失

独立设计存在部分想法流失的问题，除最后选中的方案以外，在其余方案上也有很多解决问题的好想法。中后期的草图重释通过归纳完善修改将有价值的想法和方案整理发展，深入下去。

4）团队协作的形式让气氛变得活跃

团队合作可以使设计师始终保持轻松的心态，起到活跃气氛的作用。而且从设计师的情绪上考虑，原来的设计方法每个设计基本上出自一人之手，这样，没有选上方案的设计师或多或少会有些失落，这不利于这些选中方案的深入。而通过草图重释这样一种团队合作的方法来做设计，最后选方案时，每一个方案都是集体智慧的结晶，是团队思维碰撞的结果。设计师乐于看到任何优秀的方案选上，这种氛围对选中方案的进一步深入非常有好处。

4.3.5 基于草图重释法的设计流程

通过以上案例，我们可以初步得出基于草图重释法的设计流程（见图4.34）。原本需要三天的草图过程利用草图重释法只需要两天。大大提高了草图效率。使用草图重释法时，要注意保持草图的原创性，避免一些好的概念的流失。

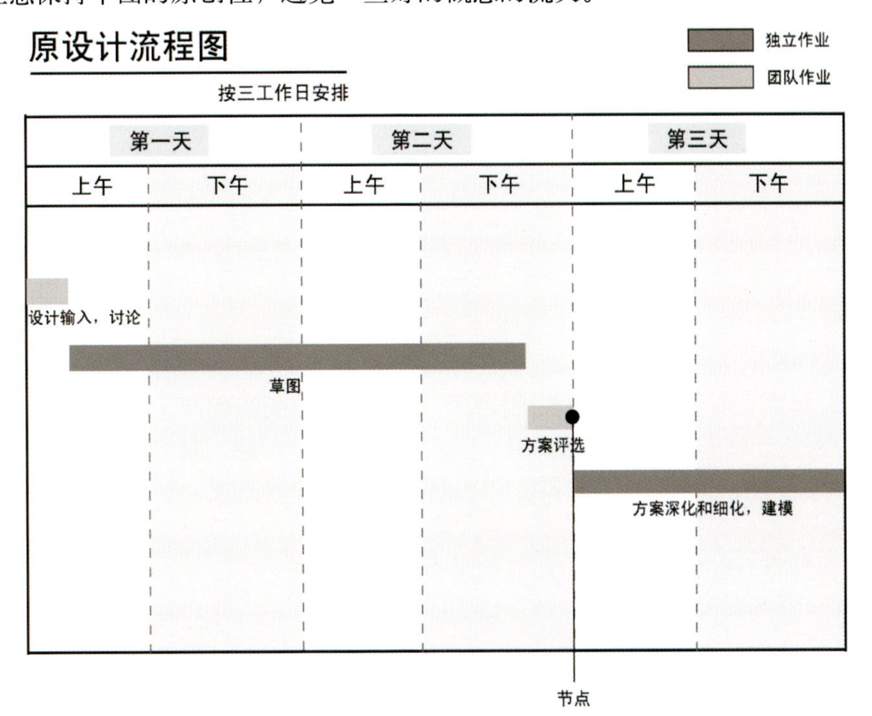

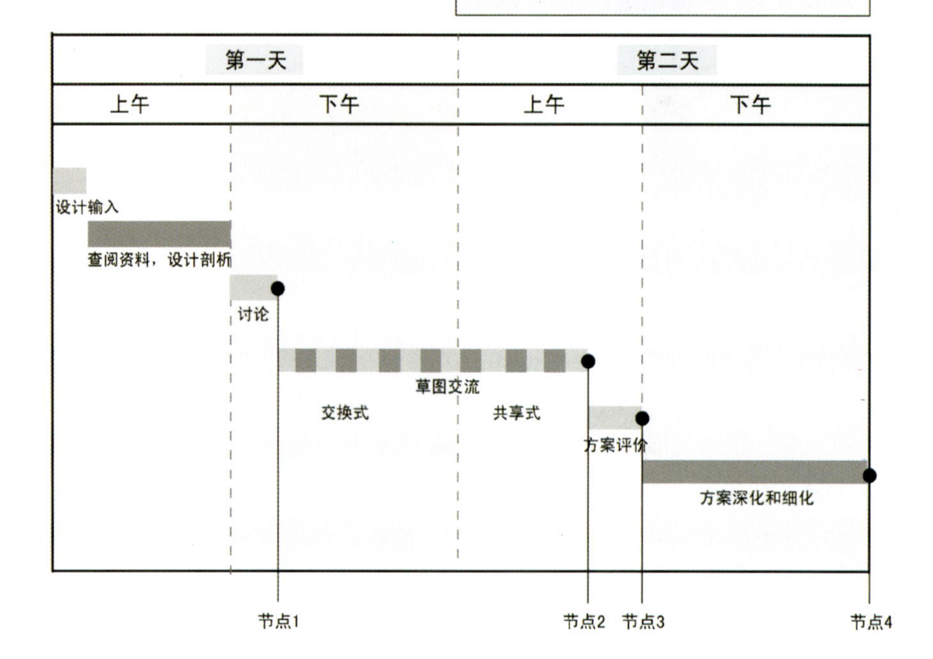

图4.34 设计流程

本章小结

本章以企业中的真实案例，介绍产品开发计划中是如何进行草图创作的，团队设计中草图是如何运用的。加强学生对产品设计草图的理解。本章的知识点是运用效果图表现技法，在项目中进行设计草图的创作。

作业

1. U盘设计

要求：运用各种产品效果图表现技法，进行设计草图的创作。按照产品设计流程，从调研进行到设计草图评估（包括调研，调研分析，设计创意，草图评估），以小组为单位，首先项目组确定本组的课题方向，其次落实个人的课题方向。

提交：

（1）调研及调研分析报告以项目组的方式提交

（2）方案草图以个人形式提交，每人50个方案，A4纸，每张纸一个方案

（3）对选定的方案保留思考性草图和记录性草图，以个人的方式提交

2．手电钻设计

要求：运用各种产品效果图表现技法，进行设计草图的创作。按照产品设计流程，从调研进行到设计草图评估（包括调研，调研分析，设计创意，草图评估），以小组为单位，首先项目组确定本组的课题方向，其次落实个人的课题方向。

提交：

（1）调研及调研分析报告以项目组的方式提交

（2）方案草图以个人形式提交，每人50个方案，A4纸，每张纸一个方案

（3）对选定的方案保留思考性草图和记录性草图，以个人的方式提交

3．数控机床设计

要求：运用各种产品效果图表现技法，进行设计草图的创作。按照产品设计流程，从调研进行到设计草图评估（包括调研，调研分析，设计创意，草图评估），以小组为单位，首先项目组确定本组的课题方向，其次落实个人的课题方向。

提交：

（1）调研及调研分析报告以项目组的方式提交

（2）方案草图以个人形式提交，每人50个方案，A4纸，每张纸一个方案

（3）对选定的方案保留思考性草图和记录性草图，以个人的方式提交

参 考 文 献

[1] 胡锦．设计快速表现[M]．北京：机械工业出版社，2003.

[2] 林伟．设计表现技法[M]．北京：化学工业出版社，2005.

[3] [日]清水吉治．产品设计效果图技法法[M]．马卫星译．北京：北京理工大学出版社，2003.

[4] 潘长学．工业产品设计表现技法[M]．武汉：武汉理工大学出版社，2003.

[5] 葛俊杰．在电脑时代谈手绘产品设计表现技法教学[J]．桂林电子工业学院学报，2004，24（2）：79～82.

[6] 齐秀芝．面向符号学关联元素的产品设计表现技法的探讨[J]. 宝鸡文理学院学报（自然科学版），2008，28（1）：63～65.

[7] 戴瑞．产品设计表现技法[M]．北京：中国轻工业出版社，2002.

[8] 王虹，沈杰，张展．产品设计[M]．上海：上海人民美术出版社，2006.

[9] 刘和山．产品设计快速表现[M]．北京：国防工业出版社，2005.

[10] 陈新生．工业设计表现快图技法与造型资料[M]．南京：东南大学出版社，2007.

[11] 杨雄勇．产品快题设计与表现[M]．北京：机械工业出版社，2008.

[12] 俞伟江．产品设计快速表现技法[M]．福州：福建美术出版社，2004.

[13] 孙虎鸣，刁嵬．马克笔表现技法——工业产品造型设计表现[M]．长春：吉林美术出版社，2007.

[14] 高华云，郭亚男．产品设计快速表现技术[M]，大连：大连理工大学出版社，2006.

[15] 戴云亭．产品设计表现技法[M]．上海：上海人民美术出版社，2007.

[16] 周波，林璐．思维的再现——工业设计视觉表现[M]．北京：中国建筑工业出版社，2005.

[17] 叶武．设计手绘[M]．北京：北京理工大学出版社，2007.

[18] 徐波．工业设计快速表达[M]．武汉：湖北美术出版社，2006.

[19] 林伟．视觉笔记——产品设计速写[M]．长沙：湖南大学出版社，2007.